零基础轻松学手绘系列丛书

手绘指南：
室内设计快速表现与技法
（微视频版）

陈锐雄　陈立飞　张伟喜　编著

机械工业出版社
CHINA MACHINE PRESS

本书以编著者十余年的手绘设计教学方法与实践结果为基础，总结出了一套非常适合手绘零基础读者学习的特殊训练法。在编写上，汇集了室内设计手绘的优秀案例，分步骤详解，同时配套了相应的视频教学资源辅助学习，使设计手绘的方法更直观、易学。

本书结构清晰，内容紧凑，由浅入深，图文并茂，内容从基础到进阶循序渐进，符合学习规律，涉及线条、透视原理、马克笔上色、室内单体、室内组合元素、室内空间等范例，同时根据教学和应用实际，设置室内设计思维表达的特色训练法，能够使初学者触类旁通，举一反三。

本书可作为高等院校、高职高专院校相关专业学生的手绘启蒙书和专业教材，同时也可以作为装饰公司、房地产公司以及室内设计行业从业人员与手绘爱好者的自学参考书。

图书在版编目（CIP）数据

手绘指南：室内设计快速表现与技法：微视频版 / 陈锐雄，陈立飞，张伟喜编著 . —北京：机械工业出版社，2019.9（2025.1 重印）
（零基础轻松学手绘系列丛书）
ISBN 978-7-111-63182-8

Ⅰ . ①手… Ⅱ . ①陈…②陈…③张… Ⅲ . ①室内装饰设计—绘画技法 Ⅳ . ① TU204

中国版本图书馆 CIP 数据核字（2019）第 140696 号

机械工业出版社（北京市百万庄大街 22 号　邮政编码 100037）
策划编辑：时　颂　　　　　　责任编辑：时　颂
责任校对：刘雅娜　王明欣　　封面设计：张　静
责任印制：孙　炜
北京联兴盛业印刷股份有限公司印刷
2025 年 1 月第 1 版第 4 次印刷
210mm×285mm · 12 印张 · 351 千字
标准书号：ISBN 978-7-111-63182-8
定价：79.00 元

电话服务　　　　　　　　　网络服务
客服电话：010-88361066　　机 工 官 网：www.cmpbook.com
　　　　　010-88379833　　机 工 官 博：weibo.com/cmp1952
　　　　　010-68326294　　金 书 网：www.golden-book.com
封底无防伪标均为盗版　　机工教育服务网：www.cmpedu.com

前言
PREFACE

　　本书以我十余年的手绘设计教学方法与实践结果为基础，总结出了一套非常适合手绘零基础读者学习的特殊训练法。在编写上，根据手绘表现对象的尺度和绘制难度的大小安排内容，分为入门篇、基础篇、提高篇、进阶篇和欣赏篇，循序渐进，符合学习规律。本书结构清晰，内容紧凑，汇集了大量室内设计手绘的优秀案例，并分步骤详解，图文并茂，涉及线条基础、透视原理、马克笔上色规律等基础知识，着重讲解了室内单体、室内组合元素、室内空间表现的方法与技巧，同时根据教学和应用实际，设置室内设计思维表达的特色训练法，希望可以让读者在短时间内快速掌握技巧，触类旁通，少走弯路。为了使读者学习更直观、易学，本书配套了共23.4G的高清教学过程视频资源（书中"▶"处）结合视频学习训练，让读者不再畏惧甚至排斥手绘。

　　作为教师，我深知针对性教学对提高教学成效有着至关重要的作用，同时也希望向更多读者传授经验方法，助其成长。在手绘表现中，你需要从更深的维度，如形状、形态、质感、节奏、构图和光影等方面去思考对象，一个有意义的创作过程比绘制结果更重要，所以本书不是简单的范例展示，而是详细分解了手绘的步骤，结合局部放大图，为读者指出构图、运笔、上色等手绘的关键点，真正成为每位读者的"手绘指南"。

　　本书可作为高等院校、高职高专院校室内设计、环艺设计、建筑设计、景观设计及相关专业学生的手绘启蒙书和专业教材，同时也可以作为室内设计及相关行业从业人员与手绘爱好者的自学参考书。

　　本书历经一年的时间编写，在编写过程中，遇到时间上的冲突以及创作的问题，都要一一去克服，同时我要感谢机械工业出版社的时颂编辑为我提供这次宝贵的机会；感谢李磊老师、史志方老师提供的手绘作品以及支持；感谢中国手绘艺术研究院院长卢立保先生传授我宝贵的经验；感谢零角度手绘陈立飞先生、黄德凤先生的鼓励，正因为大家的支持，我才得以坚持下去！

　　本书在编写过程中得到零角度手绘师生们的大力支持和帮助，在此表示衷心的感谢。由于编者的水平有限，本书难免存在一些不足之处，敬请读者批评指正。

陈锐雄

目录 | CONTENTS

Introduction of Interior Design Hand Painting
第 1 章　室内手绘入门篇

1.1 室内手绘工具及材料

古人云："工欲善其事，必先利其器。"手绘表现图中所需要的工具很简单，也是常见绘图的工具，携带方便。绘画材料本身仿佛就在诱惑你，促使你全力以赴，使你每次作画都会充满激情与信心。当然好的工具本身就有它独特的功能，因此选择好的绘图工具会让你如虎添翼。

1.1.1 纸张

主要有 A3 或者 A4 复印纸、普通纸、普通卡纸、水彩纸、硫酸纸、描图纸、报纸等。当然，外出写生的话，一本质地精良、方便易携的速写本也是必不可少的。

1.1.2 笔（图 1-1）

（1）美工笔：美工笔是常用的绘图工具，在选择美工笔的时候，一定要画长线和画圆圈，如果不卡纸、不刮纸、不断水，说明这个笔出水比较流畅。而美工笔的另外一个优点就是：在转动笔尖时，它可以做到粗细变化的线条，线条优美而富有张力，一般在快速设计表现和写生的时候经常用到。

（2）走珠笔：线条自由奔放，属于一次性笔，粗细根据自己的选择而定，可以选择白雪牌的走珠笔。

（3）针管笔：型号可以选择 0.2，三菱或者樱花的牌子相对比较好。

（4）自动铅笔：只要选择可以换笔芯的即可。

（5）马克笔：作为初学者，不能选择太差的马克笔，因为差的马克笔笔头比较毛躁、色彩会有偏差，这样只会让自己的信心被打击。可以选择性价比中等的马克笔——法卡勒；如果基础比较好、经济比较宽裕的，可以选择 AD、三福、My color2 这几个牌子的。

（6）色粉笔：色粉笔常用于制造画面的气氛，特别是在处理天空的时候常用。

（7）彩色铅笔：可以选择辉柏嘉 48 色的水溶性彩色铅笔。

（8）涂改液：用于后期处理画面的亮部和高光，可以选择日本樱花牌的涂改液。

美工笔

走珠笔

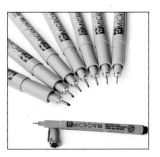
针管笔

自动铅笔

马克笔

色粉笔

彩色铅笔

涂改液

图 1-1 笔类工具

1.1.3 其他

主要有工具箱（用于收纳上述画材）、椅子、相机（便于构图和收集素材）（图 1-2）。

工具箱

椅子

相机

图 1-2　其他

1.2　基本控线训练及心理准备

手绘不仅仅是一种表达手段，它更是引导设计师进一步思维的推动媒介。线条是手绘表现的基本语言，任何设计草图都是由线条和光影组成。

1.2.1　直线

直线中的"直"并不是要像尺规画出来的线条那样，只要视觉上感觉相对直就可以了。直线要刚劲有力，常用在横的方向和斜的方向。画的时候要注意起笔与收笔画线的基本动作要领，再加上动作的快慢、轻重变化，线条会有刚劲有力、流畅之感。

1. 如何有效地练习线条

首先，练习线条并不是一朝一夕就可以练得出来的，它是一个坚持的过程，而且并不是说花一整天去练习，它需要一个度和一个积累。保持每天坚持画两张线条图，那你就可以成为一个线条高手。练习线条不会受任何的限制，譬如，你在打电话的时候，可以边画边聊天，一举两得。或者说在看电影的时候，一支笔一张报纸就可以随时随地地画线条了，可以根据剧情来调节线条的速度与长短。有些同学在问，为什么我画的直线总是弯的呢？其实道理很简单，原因就是你的坐姿、执笔和运笔都有问题。

图 1-3　坐姿方式

（1）坐有坐相，坐姿要挺起胸膛，不要整个身体都趴在桌子上，画板要倾斜 45°，便于画线的时候身体更加灵活，看图更加舒服，画板便于旋转（图 1-3）。

（2）握笔的方法与画素描不一样，和写字的握笔方法也不一样。有些人喜欢把手紧贴笔尖附近，有些人握笔离笔尖太远，这些都是不能画好线条的小动作。根据笔者多年的教学经验总结：画横线时，笔尖与横线要保持垂直方向；画竖线时，笔尖的方向也是垂直的；在画每个角度和方向的线条时候，手都要转动，不能一成不变（图 1-4）。

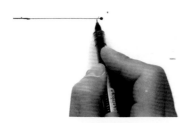
画横线的握笔方法

画竖线的握笔方法

图 1-4　握笔方法

（3）画直线时总是歪或弯的重要原因是没有充分利用好手的各个部位。手指、手腕、手臂发挥的功能都不一样：运动手指画出来的线条是短直线；运动手腕画出来的线条是中等的线条；手指、手腕不运动画出来的线条是直线。所以希望读者要观察自己在运笔的时候手的运动情况，再加以调整（图1-5）。

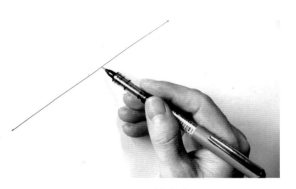

图1-5　运笔方法

2. 手绘线条的特点

专业性的手绘线条有如下的特点（图1-6、图1-7）：

（1）起笔、运笔、收笔（两头重，中间轻）。

（2）稳重、自信、力透纸背（入木三分）。

（3）求直，整体上直。

（4）手臂带动手腕运笔。

（5）线面与视线尽量保持垂直。

（6）线与线之间的距离尽量相等。

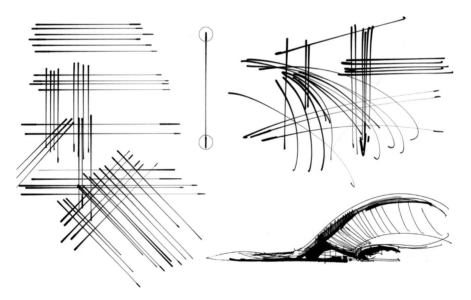

图1-6　"两头重，中间轻"训练

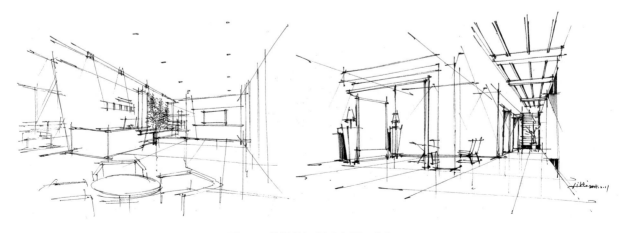

图1-7　笔触的运用（李磊　作）

3. 线条典型的错误范例（图1-8）

（1）线条有一头带勾，造成画面不美观。

（2）画面出现不宜出现反复描绘的线条，显得很毛躁。

（3）长线条中可以适当出现短线条，但不宜完全用其完成，这样显得线条很碎。

（4）线条交叉处不出头，不够美观。

4. 如何有趣地练习线条

根据经验，如果在一张纸上机械地排满线条，会略显枯燥，可以通过一些图形式、空间式等的练习，更有趣地练习直线。

范例一：线条的渐变式练习，有效地练习对线条间距的控制（图1-9）。

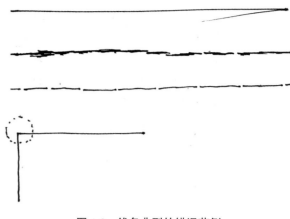

图1-8 线条典型的错误范例

范例二：线条的席纹式练习，这样横与竖交叉着练习，是一种对手腕控制力的练习（图1-10）。

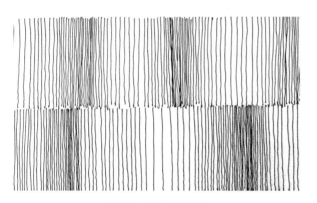

图1-9 渐变式练习

图1-10 席纹式练习

范例三：线条的图案式练习，可以找一些自己喜欢的花瓣图案、人物或者动物的图案，进行练习（图1-11）。

范例四：定点连线练习，可以练习线条的准确度和对长短线的把握，练习时可以用尺子检查线条是否准确（图1-12）。

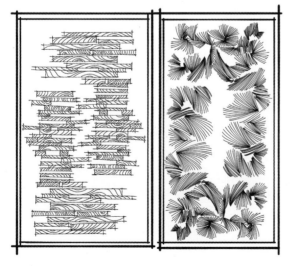

图1-11 图案式练习

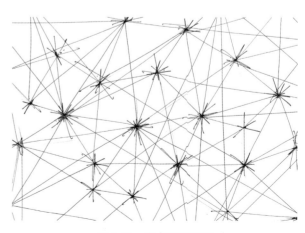

图1-12 定点连线练习

范例五：线条的空间推移练习，这种线条通过前后重叠的关系，推移出空间感（图1-13）。

范例六：线条的双线式练习，是为了增强画者对线条间距的判断能力，练习的时候尽量使双线的间距能够相等（图1-14）。

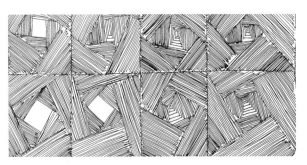

图1-13 空间推移练习

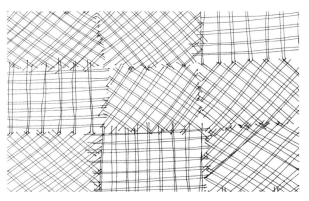

图1-14 双线式练习

1.2.2 抖线

抖线好处在于容易控制线的走向和停留位置。用快速的直线去画一条长的线，容易把握不好线的走向和长度，导致线斜、出头太多等情况，而抖线给人感觉自由、休闲，力强一些，在走线时有时间思考线的走向和停留位置（图1-15）。

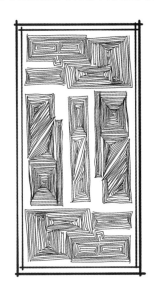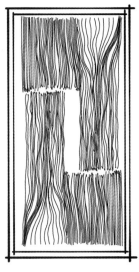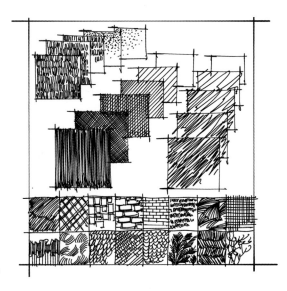

图1-15 抖线的运用（陈锐雄 作）

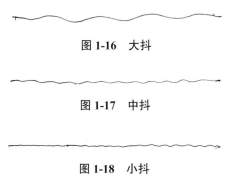

（1）大抖：行笔2s时间，加上手振动。抖浪较大，一般100mm长的线，抖动而成的波浪形线的波浪数在8个左右为好，量少，浪长，注意流畅、自然（图1-16）。

图1-16 大抖

（2）中抖：行笔3s时间，加上手抖。抖浪较小，一段100mm长的线，抖动而成的波浪形线的波浪数在11个左右为好，浪中小，注意流畅、自然（图1-17）。

图1-17 中抖

（3）小抖：行笔4s时间，加上手振动。抖浪较小，一段100mm长的线，抖动而成的波浪形线的波浪数在25个左右为好，浪较小，注意流畅、自然（图1-18）。

图1-18 小抖

1.2.3 曲线

在画曲线时，尽量用手臂腾空来回旋转再下笔，不是随便乱画，心中要有"谱"。可以说，在下笔前，意已经先到了，这点和书法类似（图1-19）。

在你的脑子里一定要知道什么地方起笔，什么地方转折，什么地方停顿。刚开始的时候会不顺，这很正常，所以才需要练习。画得多了，收放自如就可以做到了（图1-20）！

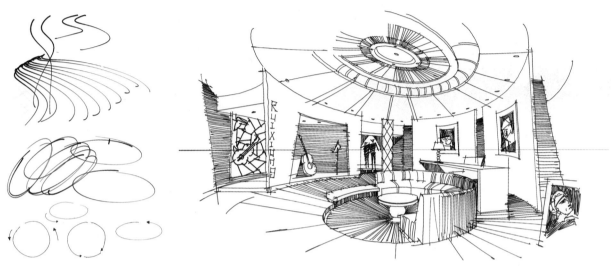

图 1-19 曲线　　　　　　　　　　　　图 1-20 曲线运用（陈锐雄 作）

1.2.4 植物线

在画植物线的时候尽量采取手指与手腕相结合摆动的方式。植物的线条有很多的表现手法，以下介绍常用的4种画法。

（1）"几"字形的线条运笔相对会比较硬朗，常用在前景树木和收边树（图1-21）。

（2）"针叶形"的线条运笔要按照树叶的线条进行排列，注意它的连贯性和疏密性，常用在前景收边树（图1-22）。

（3）"U"字形的线条运笔比较轻松，常用在远景植物（图1-23）。

（4）"m"字形的线条运笔比较概念，常用在平面的树群（图1-24）。

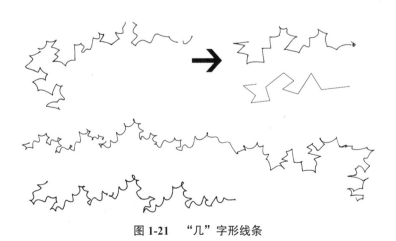

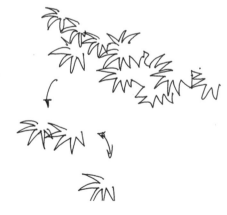

图 1-21 "几"字形线条　　　　　　　　图 1-22 "针叶形"线条

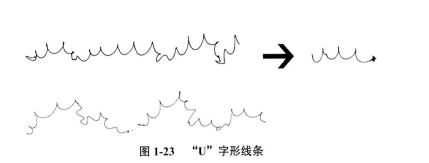

图 1-23　"U"字形线条　　　　　　　　　　　图 1-24　"m"字形线条

1.3　室内手绘透视知识和技巧

透视有两个关键点：视平线、消失点。牢记透视口诀：近大远小、近长远短、近密远疏、近明远暗、近实远虚。

视平线是透视的专业术语之一，标识为 HL，就是与画者眼睛平行的水平线。视平线决定被画物体的透视斜度，被画物体高于视平线时，透视线向下斜；被画物体低于视平线时，透视线向上斜。不同高低的视平线，产生不同的效果。视平线对画面起着一定的支配作用。视平线的高低，反映了画者看景物的高低，在平视中，视点离地面越高，视平线就越高，反之就越低。视平线位置的不同，物体在透视空间中的关系截然不同。在透视中，视平线也称为水平面的灭线，有两方面含义：其一是指，当景物在视平线下方时，景物的顶面可见；当景物在视平线上方时，景物底面同样可见，而顶面却不能看见。其二是指，离视平线越近，景物越小，说明景物离观者越远；当景物离视平线越远，景物越大，离观者就近。

在室内透视图中，以家装的墙体高 3m 为例，通常以一般人的眼睛到地面的高度，来作为视高（视平线），大约为 0.9~1m，这样的透视图比较具有真实感，而且显得室内的空间比较大气。如果视平线提高到墙体高度的一半时，会导致透视轮廓呆板，因此降低视平线相对比较舒服（图 1-25）。

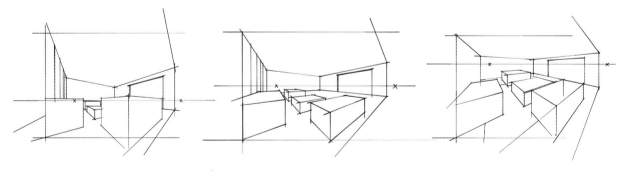

图 1-25　视平线位置（陈锐雄　作）

1.3.1　一点透视

一点透视又称平行透视，顾名思义是只有一个消失点的透视图，意思就是物体向视平线上某一点消失。

一点透视可以理解为立方体放在一个水平面上，前方的面（正面）的四边分别与画纸四边平行时，上部朝纵深的平直线与眼睛的高度一致，消失成为一点，而正面则为正方形。一点透视有整齐、平展、稳定、庄严的感觉。

一点透视因视平线的高低变化，会产生不同的效果，基本上可以分为三种可能：平视图、俯视图、仰视图（图 1-26、图 1-27）。

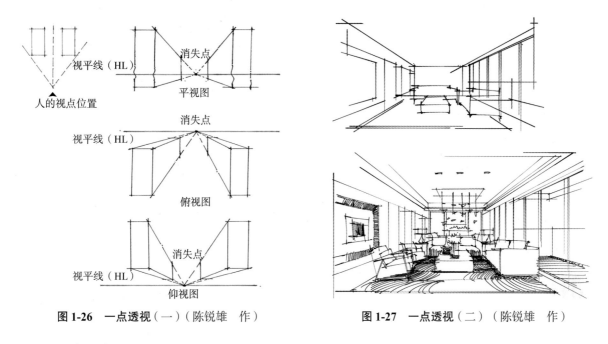

图 1-26　一点透视（一）（陈锐雄　作）　　　　图 1-27　一点透视（二）（陈锐雄　作）

1.3.2　两点透视

两点透视（又称成角透视），就是一个图中有两个消失点。对比一点透视来分析，两点透视更加灵活生动，画面更加丰富。

两点透视就是把立方体的四个面相对于画面倾斜成一定角度时，往纵深平行的直线产生了两个消失点。在这种情况下，与上下两个水平面相垂直的平行线也产生了长度的缩小，但是不带有消失点。

两点透视因视平线的高低变化，会造成各种效果，基本上可以分为三种可能：平视图、俯视图、仰视图（图 1-28）。

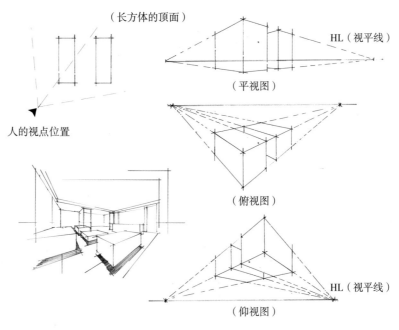

图 1-28　两点透视

1.3.3　三点透视

三点透视用于超高层景观、俯瞰图或仰视图，当立方体相对于画面其面及棱线都不平行时，面的边线可以延伸为三个消失点，用俯视或仰视去看立方体就会形成三点透视。第三个消失点，必须和画面保持垂直的主视线，使其和视角的二等分线保持一致（图1-29）。

（1）近大远小的规律，即同样大小的物体，根据它们离观察者的远近程度而逐渐由小变大。

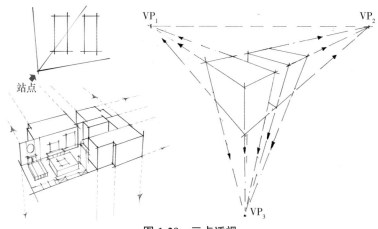

图1-29　三点透视

（2）远处延伸的平行线消失于一点，相互平行的水平线，消失点都在地平线（即视平线）上。

（3）地平线以上的物体越近越高，越远越低，地平线以下的物体越近越低，越远越高。

（4）人眼睛视围的可见度为60°以内最为自然，超过这个角度看的物体就会变形。

（5）一般情况下，透视图多为两点透视，在画鸟瞰图或高大建筑物时才用三点透视。

1.4　通过切割及光影表达分析室内体块

1.4.1　体块切割的分析

学习室内手绘，首先脑海中要有概括的思维，如何结合室内设计语言对它们进行灵活而熟练的运用才是最终的目的。在概括训练中，用方形进行概括，结合光影进行一点透视、两点透视的练习（图1-30~图1-33）。

先画出九个相同灭点的盒子，然后对盒子进行切割。画的时候，需要根据"横线水平、竖线垂直、斜线往透视方向"的规律，就可以把握好物体的形体。

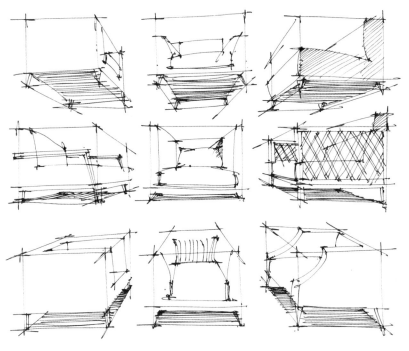

图1-30　一点切割（一）（陈锐雄　作）

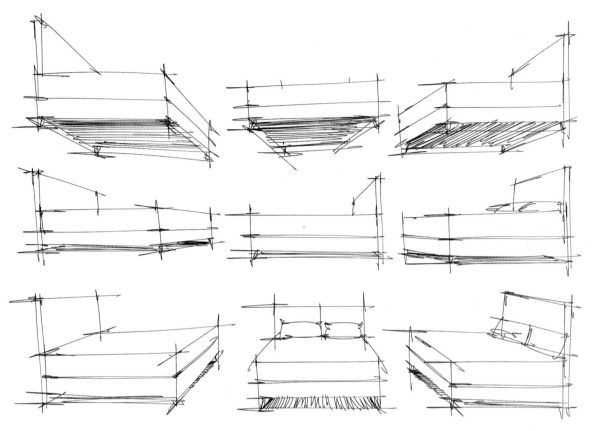

图 1-31　一点切割（二）（陈锐雄　作）

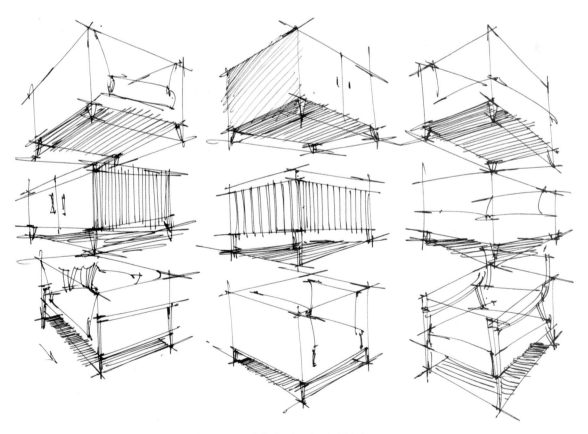

图 1-32　两点切割（一）（陈锐雄　作）

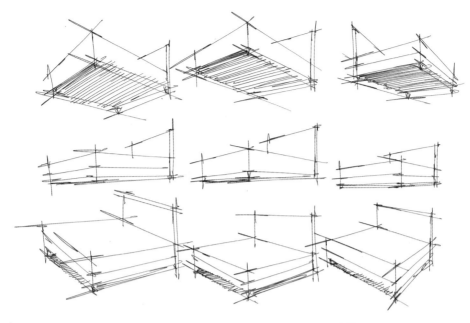

图 1-33　两点切割（二）（陈锐雄　作）

1.4.2　透视体块的明暗与光影

　　透视体块的表达，首先分析亮灰暗三个面，确定光影方向，注意体块受光照射时明暗的深浅过渡（图 1-34）。

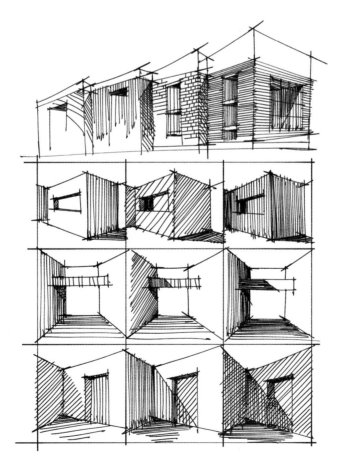

图 1-34　明暗与光影（陈锐雄　作）

1.5　马克笔基础认知

马克笔的品牌很多，颜色非常丰富，每个牌子都有各自的特点。在室内手绘图的表现中，常用的色系尽量偏灰，不宜用太艳丽的颜色（图 1-35）。

图 1-35　马克笔上色范例一（李磊　作）

马克笔着纸后会快速变干，两色之间难以融合，因此不宜多次叠加。另外，马克笔笔头较小，不宜大面积着色，排笔时需要按照各个块面结构有序地排笔，否则画面容易脏（图 1-36）。

图 1-36　马克笔上色范例二（李磊　作）

▶ 1.5.1　马克笔大小笔触的控制

使用马克笔前，我们要认识马克笔的笔头。同一个笔头通过握笔与压笔，可以画出不一样大小的笔触。

把笔完全贴到纸张上，画出来的笔触是饱满的，线条面积是比较宽的（图 1-37）

把笔一半贴到纸张上，画出来的线条面积是稍窄的（图 1-38）。

用笔头的边角贴到纸张上，画出来的线条是最窄的（图 1-39）。

小笔头也可以画出粗细的线条（图 1-40）。

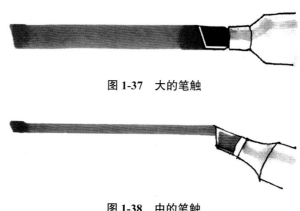

图 1-37　大的笔触

图 1-38　中的笔触

图 1-39　小的笔触

图 1-40　小笔头的笔触

▶ 1.5.2　马克笔笔触的叠加

给图 1-41 中的物体上色，如果全部都是用一层笔触，就会显得单薄、呆板、光感对比不够。因此，需要用马克笔的叠加，产生丰富而自然的效果。马克笔常用的几种笔触如图 1-42 所示。

图 1-41　笔触叠加的效果（陈锐雄　作）

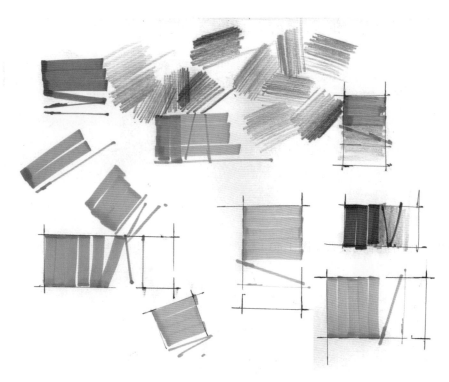

图 1-42　马克笔笔触练习（陈立飞　作）

　　笔触过渡比较简单的方法：当笔触画到块面一半左右位置时，开始利用折线的笔触形式逐渐地拉开间距，以近似"N"字形的线条去做过渡变化，需要注意的是，收笔部分通常要以细线条来表现（图 1-43、图 1-44）。

图 1-43　笔触叠加示意图（一）（史志方　作）

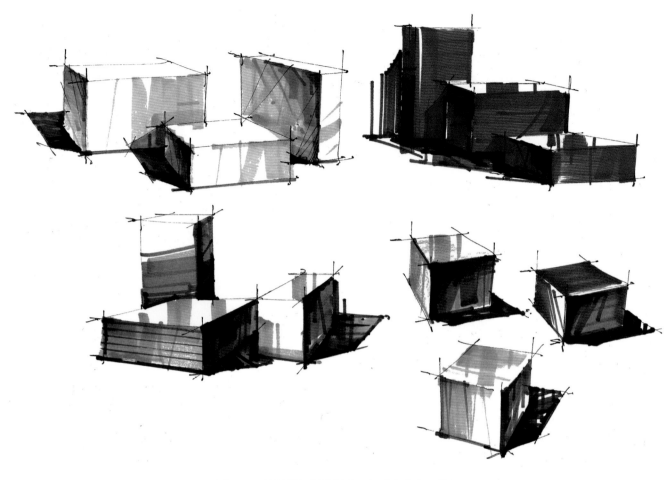

图1-44　笔触叠加示意图（二）（史志方　作）

1.5.3　马克笔笔触常见的错误

（1）缺少一个过渡色。

在画表现图的时候，初学者经常没有考虑整体以及过渡，导致上色的时候，颜色与颜色之间相差很大，过渡不自然，这也是导致画面花的原因之一（图1-45）。

解决办法：选择两色之间的中间色进行填补；或者用浅色的那支马克笔在两色之间来回叠加几次，也可以使颜色自然过渡（图1-46）。

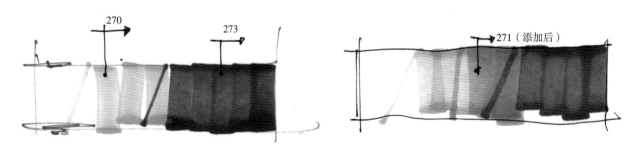

图1-45　错误范例一　　　　　　　　　　　　　　　　图1-46　修改后的范例一

图1-47中木材质的重色与浅色过渡不自然，且留白太多，导致看上去很花，不协调，马克笔颜色平铺过满，显得不透气。

解决办法：选择一支浅色的马克笔进行叠加，做出深色的渐变效果（图1-48）。

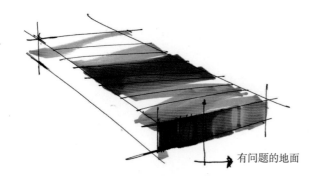

图 1-47　错误范例二

图 1-48　修改后的范例二

（2）缺少一个重色。

只要有光的情况下，物体都会受到光的影响，就会有颜色的深浅变化。所以表现块面的时候，就需要做出深浅渐变关系，如图 1-49 平涂得过于均匀，没有变化，导致块面呆板。

解决办法：找一个重色的马克笔从其中一边进行叠加即可，这样可以让块面产生深浅变化（图 1-50）。

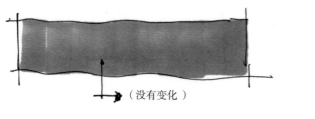

（没有变化）

图 1-49　错误范例三

图 1-50　修改后的范例三

草坪是比较难表现的，因为它有弧度，所以需要出现弧度的笔触感，而图 1-51 出现的问题就是上色过于均匀，缺少重色进行变化。

解决办法：用深绿色在边缘进行快速叠加，或者用深灰色的马克笔进行渐变叠加，记住千万不要从头画到尾，一定要点到为止（图 1-52）。

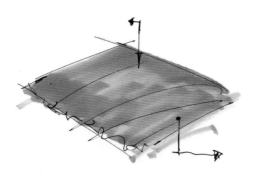

图 1-51　错误范例四

图 1-52　修改后的范例四

▶ 1.5.4　马克笔笔触的渐变训练

马克笔因其独特的构造和材质特性让初学者难以驾驭，如果没有控制好就会造成结构变形，或缺少变化。在此给初学者提供几点学习建议：①笔头要贴着结构的边缘线；②笔触要按照结构透视方向走；③注意深浅渐变的效果练习（图 1-53、图 1-54）。

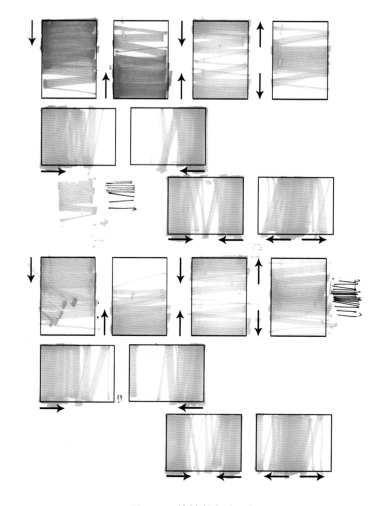

图 1-53　笔触渐变（一）

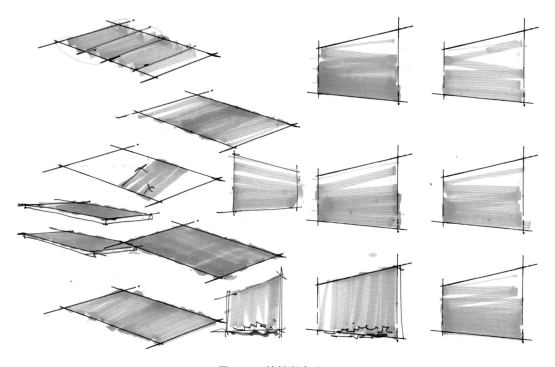

图 1-54　笔触渐变（二）

如果有的初学者找不到方法,可以跟着以下的步骤进行练习(图 1-55)。

步骤 1:先找出大的透视关系线。

步骤 2:从中间开始排线,笔触要贴着边缘线。

步骤 3:按照透视方向铺满即可。

步骤 4:在中间多画几笔,把中间实、两头虚的效果表现出来。

1.5.5 马克笔笔触的渐变应用

(1)在用马克笔给方盒子上色的时候,我们注重的更多是素描关系,其次是笔触,而笔触方向要跟着物体的结构方向走。方盒子在画鸟瞰图的时候用得最多的。在室外,光线来源都是从顶部照射下来的,所以为亮面,其次是灰面以及暗面,最后就是投影关系。在表达方盒子的时候,笔触可以横向,也可以纵向,还可以斜向,更多的是可以综合交叉使用(图 1-56)。

(2)在用马克笔给圆柱体上色的时候,可进行分区:高光部分、受光部分、暗面、明暗交界线、投影。高光部分接收和反射最强的光照。平滑表面比粗糙表面界限更清楚,因后者对光线有散射效果。高光部分两侧为受光部分,远离光源后变弱,与暗面相连。暗面不接受直射光,而是接受反射光。我们需要理解清楚圆柱体的明暗交界线,从明暗交界线处开始进行渐变即可,在表现的时候,可以通过同一支笔进行渐变,也可以通过换笔叠加进行渐变,注意留白产生明显的光感(图 1-57)。

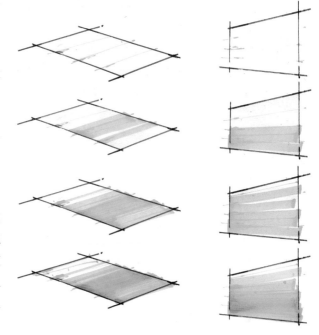

图 1-55 笔触渐变(三)

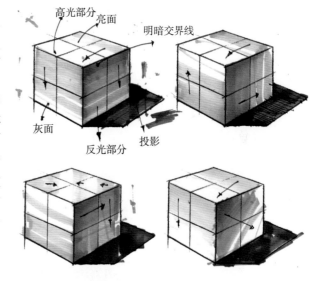

图 1-56 方盒子马克笔上色

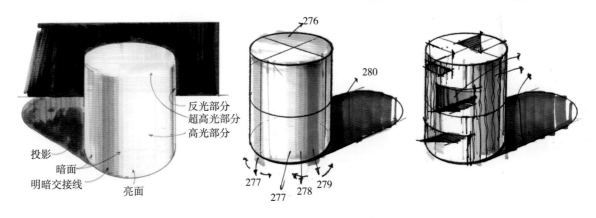

图 1-57 圆柱体马克笔上色

（3）在用马克笔给圆球体上色的时候，同理也是要找出五大调子：高光部分、受光部分、暗面、明暗交界线、投影。最重要的就是暗面的位置所占比例要相对较少，亮面和灰面要相对较多（图1-58）。

（4）马克笔上色的基础是形体透视，如果形体比例都错了，笔触再潇洒都是空谈。马克笔上色的时候，要不断地提醒自己，注意三大面的关系，注意面与面的区分。马克笔运笔方向需要根据体块面的变化而变化，要善用笔头的任何角度来塑造不同粗细、不同方向的线条，体现其灵活多变的层次关系（图1-59）。

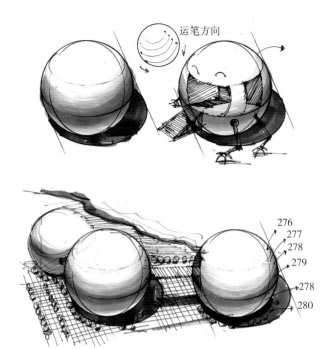

图1-58 圆球体马克笔上色

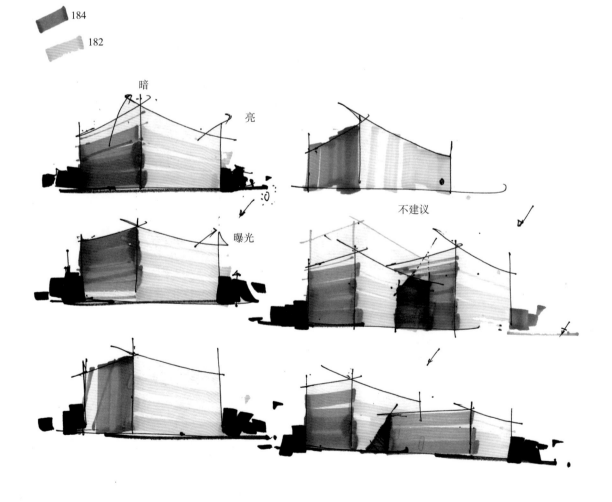

图1-59 马克笔体块练习

Foundation of Interior Design Hand Painting

第2章　室内手绘基础篇

2.1 单体家具陈设分析与表现

2.1.1 单体沙发的分析与表现

单体沙发的绘制思路分析。先画出沙发的平面、侧立面和正立面，标注好尺寸，这样方便我们对沙发整体尺寸的了解和对比例的把握，再拆分沙发，接着用盒子透视概念确定好视平线和消失点方向，经过上面的分析就可以对沙发进行绘制了（图 2-1）。

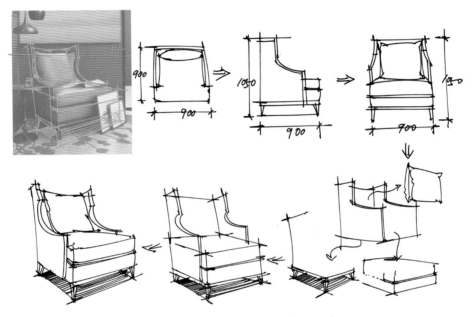

图 2-1 单体沙发的绘制思路（陈锐雄 作）

对处于同一视平线上的单体，如何从不同角度 360° 进行分析呢？可以尝试用图 2-2 中的方法练习。先把平面图绘制出来，然后顺时针绘制出正面，接着 45° 顺时针绘制出侧正面，再绘制出正侧面，依次类推，就可以轻松绘制出一个单体的不同角度图了。这样的练习有助于初学者应对不同视角的单体表现图，同时也可更深入了解沙发的结构。

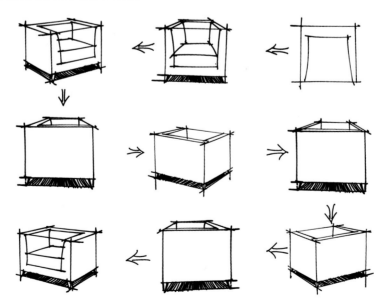

图 2-2 不同视角的沙发表现（陈锐雄 作）

1. 单体沙发的线稿绘制

（1）线稿绘制范例一（图 2-3 ）。

步骤 1：观察分析原照片的透视比例关系，最重要的是对视平线位置的确定。

步骤 2：分析透视方向，画出正面体块，要特别注意线与线之间的联系。

步骤 3：完善沙发外轮廓，要特别注意透视关系，画出椅脚。

步骤 4：完善椅脚结构。

步骤 5：画出抱枕，并确定投影形状。

步骤 6：刻画细节、暗面以及投影，完成。

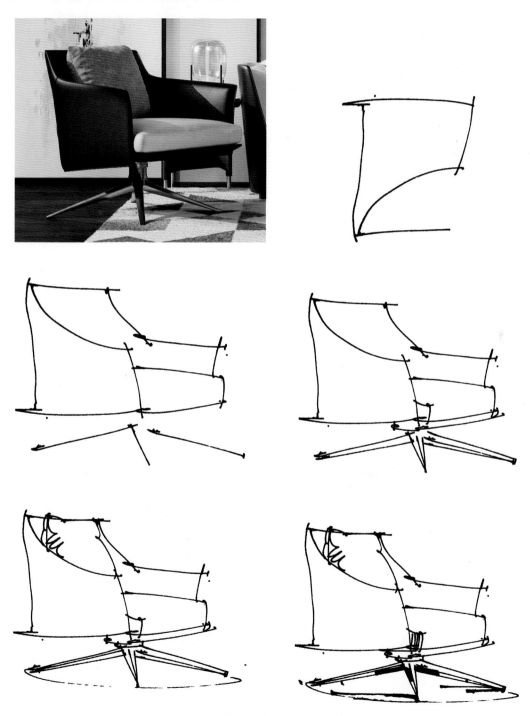

图 2-3　线稿绘制范例一步骤分解图（陈锐雄　作）

（2）线稿绘制范例二（图2-4）。

步骤1：观察分析原照片的透视比例关系，分析体块组合的形式以及视平线位置。

步骤2：根据透视画出体块和背面的轮廓线。

步骤3：切割出椅腿以及椅子的厚度。

步骤4：画出坐垫厚度以及外轮廓厚度。

步骤5：完善扶手造型，这个时候要特别注意透视所产生的变化。

步骤6：根据盒子完善细节，画出投影，完成。

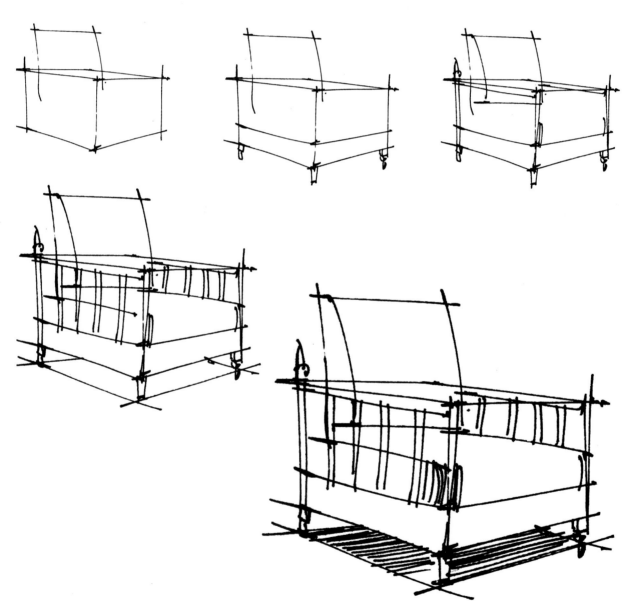

图2-4　线稿绘制范例二步骤分解图（陈锐雄　作）

（3）线稿绘制范例三（图 2-5）。

步骤 1：观察原照片的透视比例关系，分析沙发造型在透视中的变化是怎样的，注意直接的对应关系。

步骤 2：画出离我们最近的面，要注意比例和透视，并找准视平线的位置。

步骤 3：完善整个沙发的外轮廓，注意前后的对应关系。

步骤 4：画出坐垫以及椅脚。

步骤 5：画出抱枕和地板的透视线等，注意线条之间的透视关系。

步骤 6：完善细节以及投影，注意排线要沿着透视方向，完成。

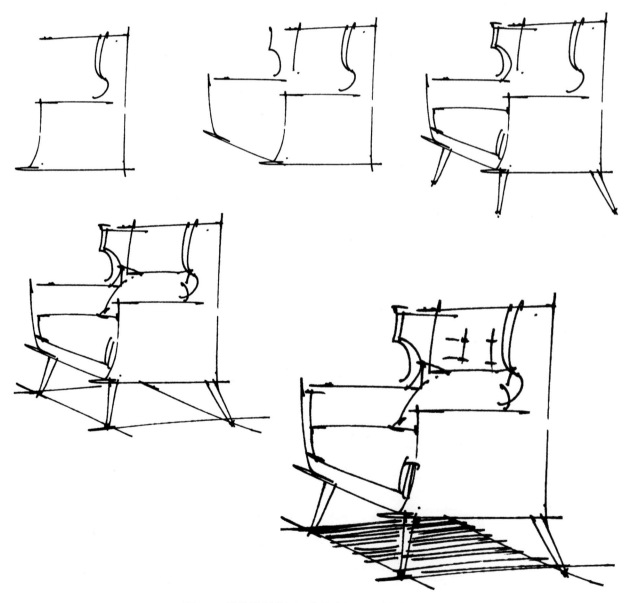

图 2-5　线稿绘制范例三步骤分解图（陈锐雄　作）

（4）线稿绘制范例四（图2-6）。

步骤1：观察分析原照片的透视比例关系以及视平线的位置。

步骤2：画出大体外轮廓线。

步骤3：画出椅脚、扶手。

步骤4：完善椅脚、扶手。

步骤5：画出抱枕以及投影的透视线。

步骤6：画出投影的明暗关系，完成。

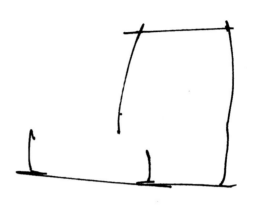
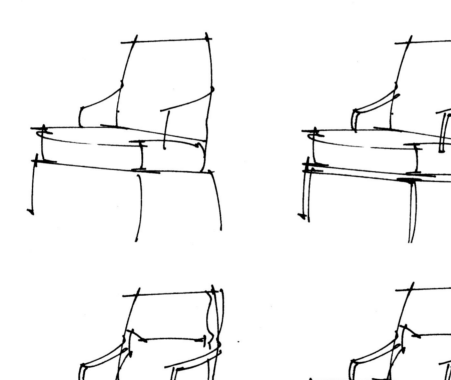

图2-6　线稿绘制范例四步骤分解图（陈锐雄　作）

2. 单体沙发的马克笔表现

（1）马克笔单色表现步骤（图 2-7）。

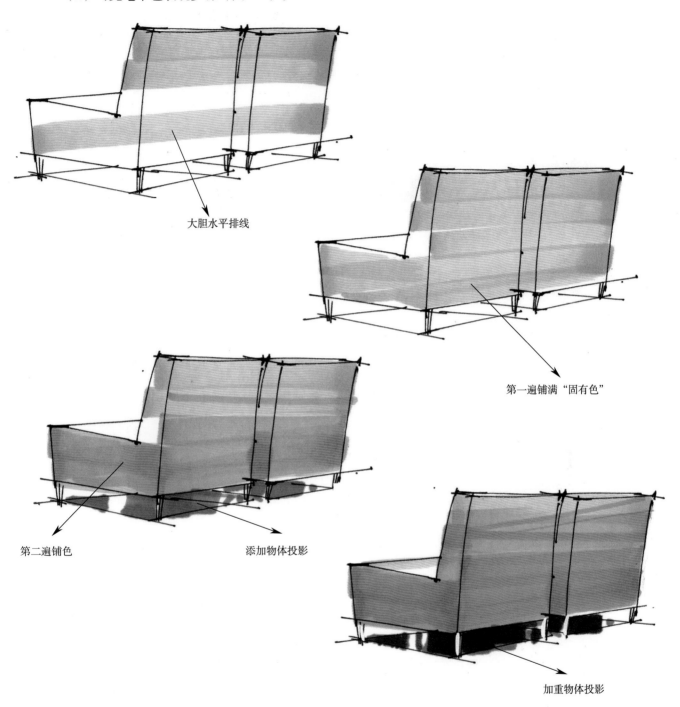

大胆水平排线

第一遍铺满"固有色"

第二遍铺色

添加物体投影

加重物体投影

图 2-7　沙发的马克笔单色表现

（2）马克笔上色步骤（图 2-8）。

步骤 1：线稿表现，要注意形体和透视关系。

步骤 2：虚拟光线来源，用钢笔刻画沙发的三大面和投影。

步骤 3：用单色刻画沙发的暗部与投影。

步骤 4：继续刻画抱枕的固有颜色；同时做出沙发各个面的颜色渐变。

步骤 5：叠加马克笔和彩色铅笔，加重阴影的对比，注意笔触感的变化，完成。

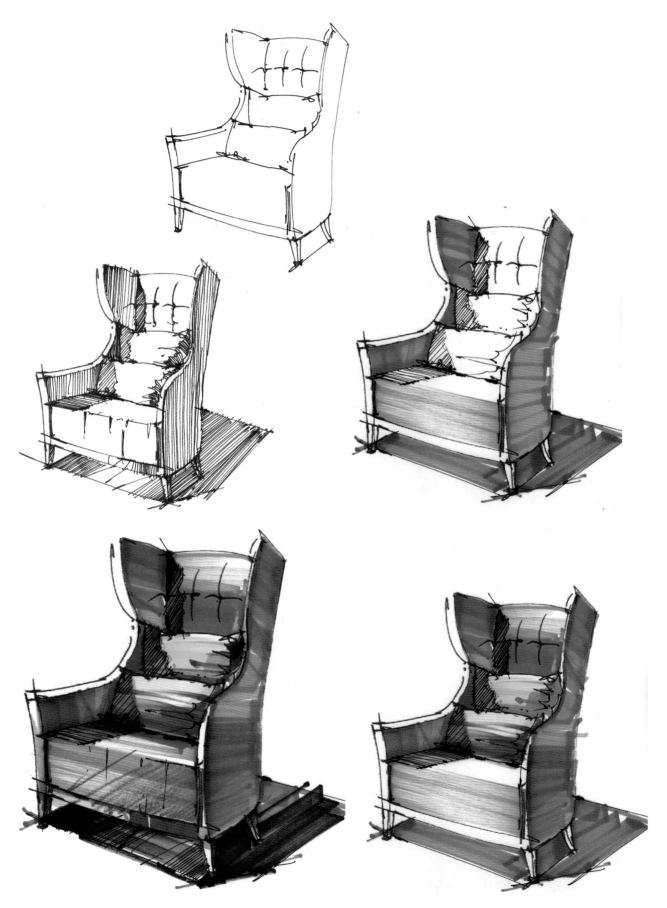

图 2-8　单体沙发的马克笔上色步骤分解图（陈立飞　作）

3. 单体沙发的表现赏析（图 2-9~图 2-15）

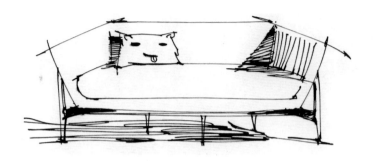

图 2-9　单体沙发的照片写生线稿（一）（陈锐雄　作）

图 2-10　单体沙发的照片写生线稿（二）（陈锐雄　作）

图 2-11　单体沙发马克笔色稿（一）（陈锐雄　作）

图 2-12　单体沙发马克笔色稿（二）（魏安平　作）

图 2-13　单体沙发马克笔色稿（三）（魏安平　作）

图 2-14　单体沙发马克笔色稿（四）（魏安平　作）

图 2-15 单体沙发马克笔色稿（五）（陈锐雄 作）

2.1.2 床的分析与表现

1. 床的绘制思路分析

先画出床的平面、侧立面和正立面，标注好尺寸，这样方便我们对床整体尺寸的了解和对比例的把握，再拆分床，接着用盒子透视概念确定好视平线和消失点方向，经过上面的分析就可以对床进行绘制了（图 2-16）。

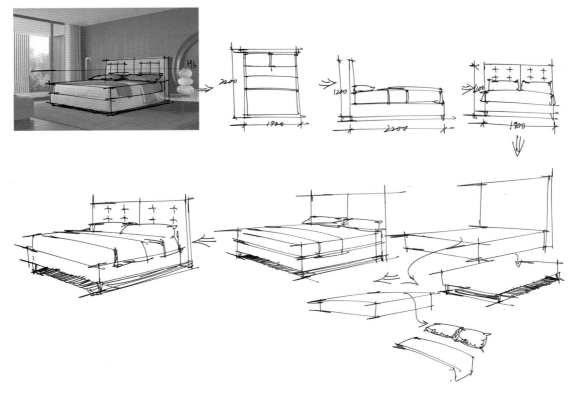

图 2-16　床的绘制思路（陈锐雄　作）▶

2. 床的 360° 旋转分析（图 2-17）

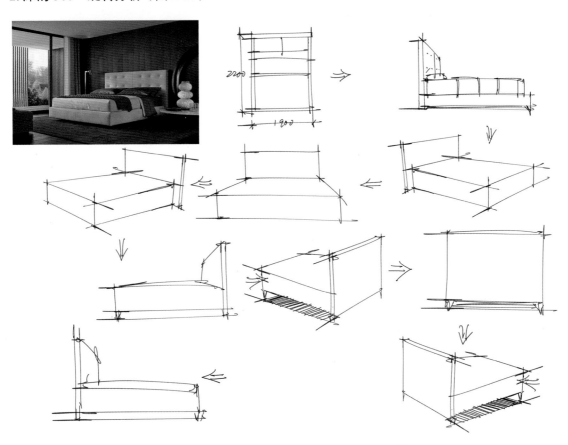

图 2-17　床的 360° 旋转分析（陈锐雄　作）▶

3. 床的绘制步骤

（1）范例一——民宿风格大床的表现

步骤1：观察分析原照片比例和透视关系，找出视平线的位置（图2-18）。

图 2-18　原照片

步骤2：画出大体外轮廓线，特别要注意透视方向（图2-19）。

步骤3：完善外轮廓的其他细节（图2-20）。

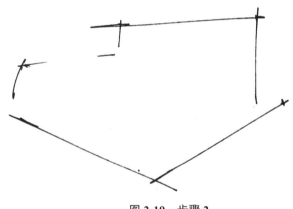

图 2-19　步骤 2

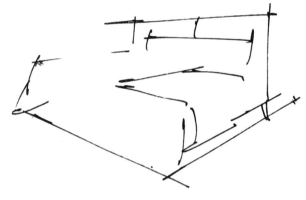

图 2-20　步骤 3

步骤4：画出抱枕、床品以及投影的轮廓（图2-21）。

步骤5：画出投影和暗面，最终完成（图2-22）。

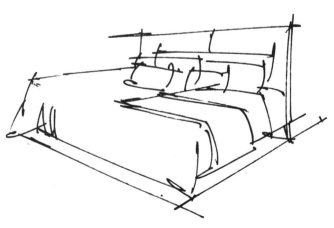

图 2-21　步骤 4

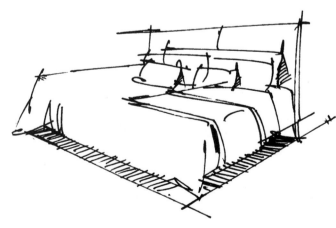

图 2-22　步骤 5 完成稿（陈锐雄　作）

▶（2）范例二——简约中式风格大床的表现。

步骤1：分析原图片的比例、透视关系，确定好视平线的位置（图2-23）。

图 2-23　原照片

步骤2：画出大体外轮廓线（图2-24）。　　　　步骤3：完善大体轮廓关系（图2-25）。

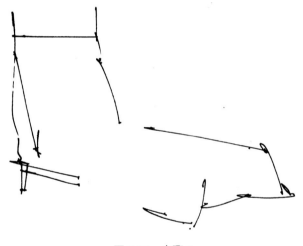

图 2-24　步骤 2

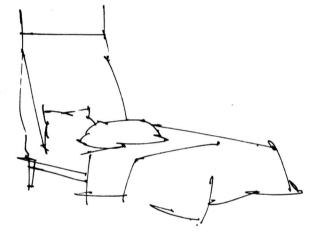

图 2-25　步骤 3

步骤4：画出投影方向以及暗部，注意投影所产生的深浅关系（图2-26）。　　　　步骤5：画出木色床柱子（图2-27）。

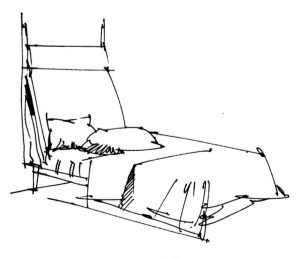

图 2-26　步骤 4

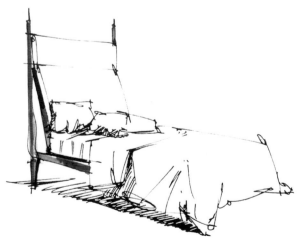

图 2-27　步骤 5

步骤 6：从暗面出发刻画被子，注意光影的方向（图 2-28）。

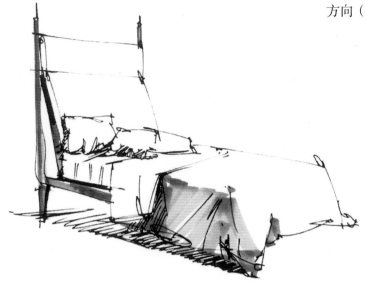

图 2-28　步骤 6

步骤 7：完善被子的灰面与亮面，刻画枕头（图 2-29）。

图 2-29　步骤 7

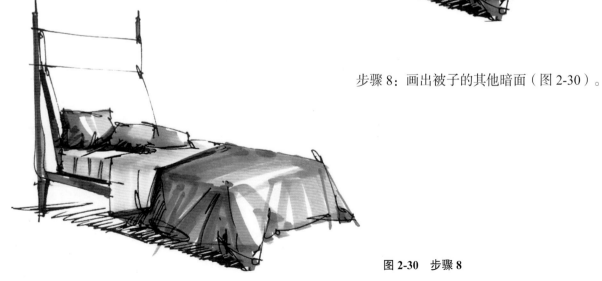

步骤 8：画出被子的其他暗面（图 2-30）。

图 2-30　步骤 8

步骤9：刻画床靠背，注意运笔的方向以及收笔位置（图2-31）。

步骤10：完善细节、投影，最终完成（图2-32）。

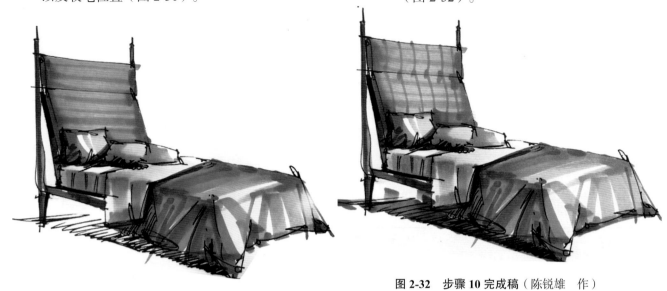

图 2-31　步骤 9

图 2-32　步骤 10 完成稿（陈锐雄　作）

2.1.3　桌子的分析与表现

1. 桌子的绘制思路分析

先画出桌子的平面、侧立面和正立面，标注好尺寸，这样方便我们对整体桌子尺寸的了解和对比例的把握，再拆分桌子，接着用盒子透视概念确定好视平线和消失点方向，经过上面的分析就可以对桌子进行绘制了（图2-33）。

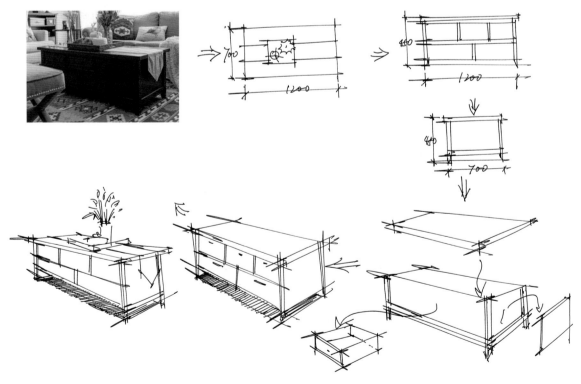

图 2-33　桌子的绘制思路（陈锐雄　作）

2. 桌子的绘制步骤（图 2-34）

步骤 1：观察分析原照片的透视比例关系，确定好视平线的位置。

步骤 2：画出大体外轮廓线。

步骤 3：完善对外轮廓的刻画，这个时候要注意透视关系，绘制桌脚和摆件的大体外轮廓线。

步骤 4：完善桌脚、抽屉分割以及桌旗等。

步骤 5：增加细节，画出装饰品。

步骤 6：画出投影以及暗部，完成。

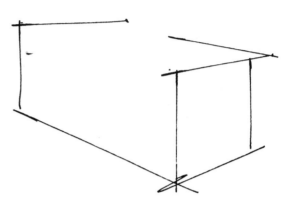

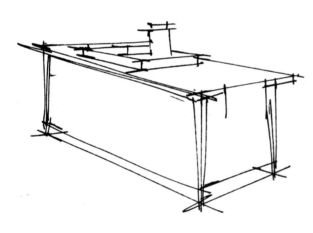
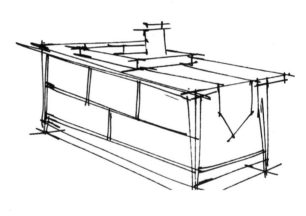

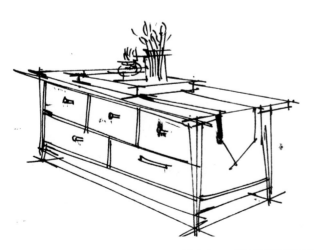

图 2-34　桌子的线稿绘制步骤分解图（陈锐雄　作）

3. 桌子的表现赏析（图 2-35、图 2-36）

图 2-35　桌子的线稿表现（陈锐雄　作）

图 2-36　桌子的马克笔色稿（魏安平　作）

2.1.4　装饰配景的分析与表现

装饰配景有时候在空间的表达里面不值得一提，有时候却能起到点睛之笔，所以积累装饰配景素材也变得尤为重要，它能提高我们整体的审美水平与搭配技巧。这里通过部分图例展示装饰配景的表达，其中主要包括软装、装饰品、挂画、灯具与绿植等（图 2-37~ 图 2-43）。

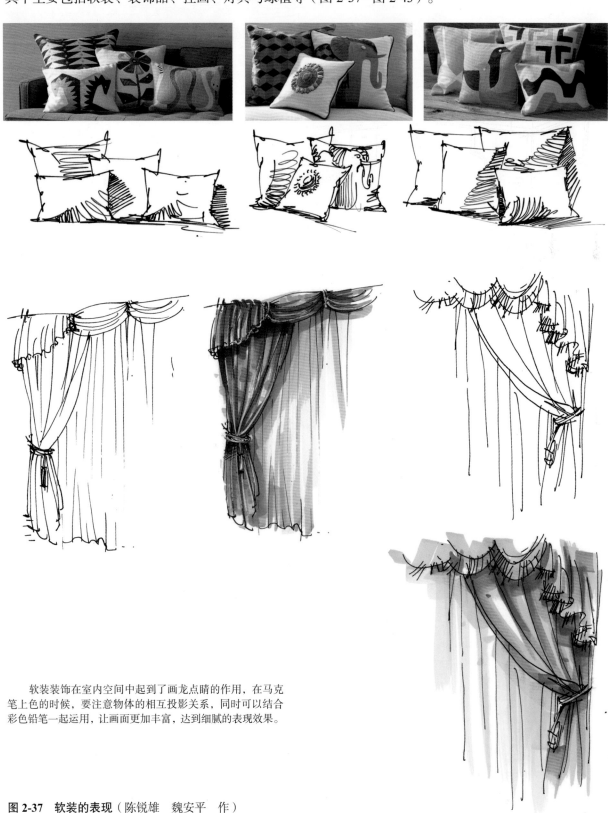

软装装饰在室内空间中起到了画龙点睛的作用，在马克笔上色的时候，要注意物体的相互投影关系，同时可以结合彩色铅笔一起运用，让画面更加丰富，达到细腻的表现效果。

图 2-37　软装的表现（陈锐雄　魏安平　作）

图 2-38　装饰品及挂画的线稿表现（陈锐雄　魏安平　作）

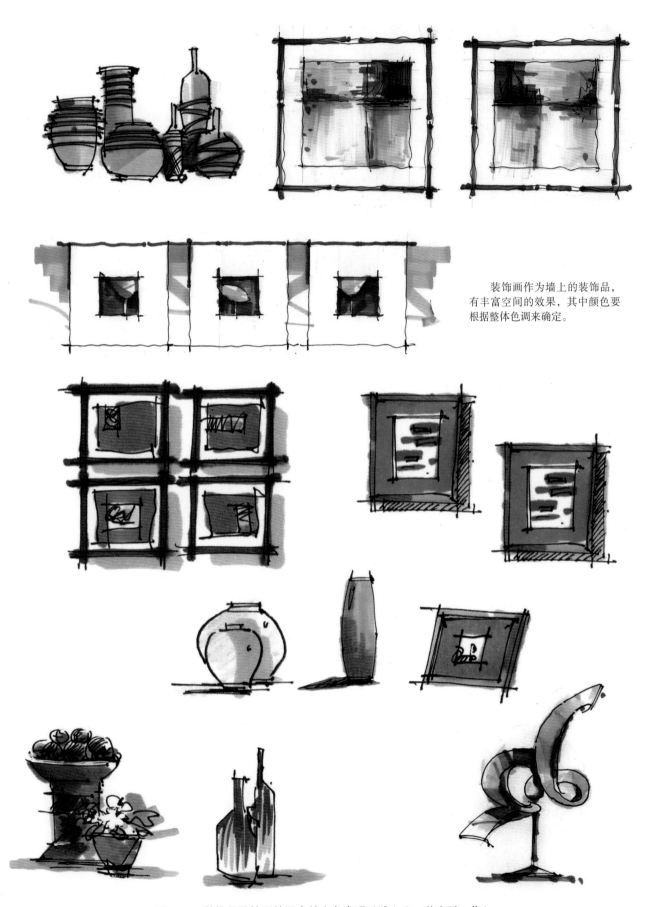

装饰画作为墙上的装饰品，有丰富空间的效果，其中颜色要根据整体色调来确定。

图 2-39　装饰品及挂画的马克笔上色表现（陈立飞　魏安平　作）

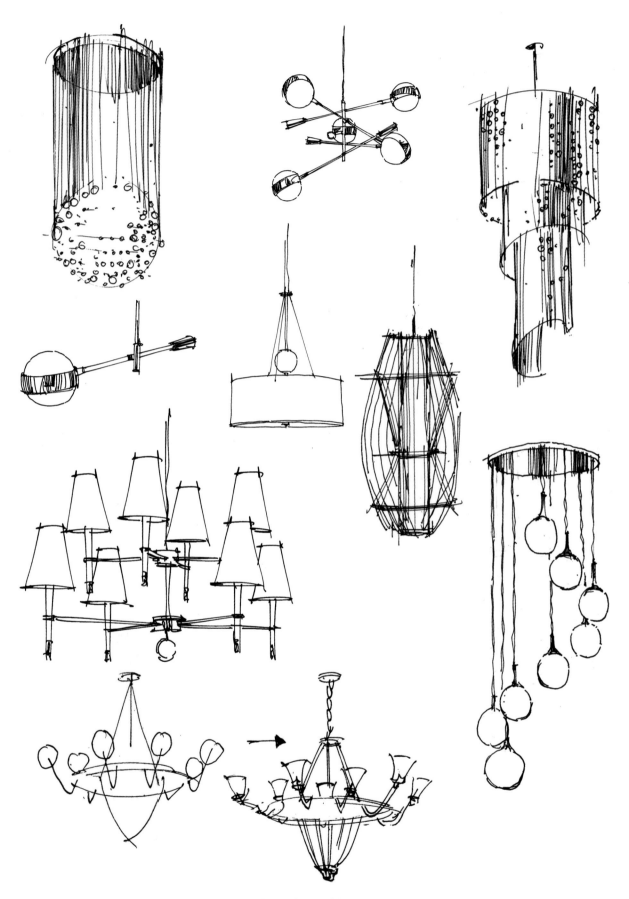

图 2-40　吊灯的线稿表现（陈锐雄　魏安平　作）

图 2-41　台灯及落地灯的线稿表现（陈锐雄　魏安平　作）

灯具是室内的照明
设备，直接影响到画面
的色彩效果。

图 2-42　灯具的马克笔上色表现（魏安平　作）

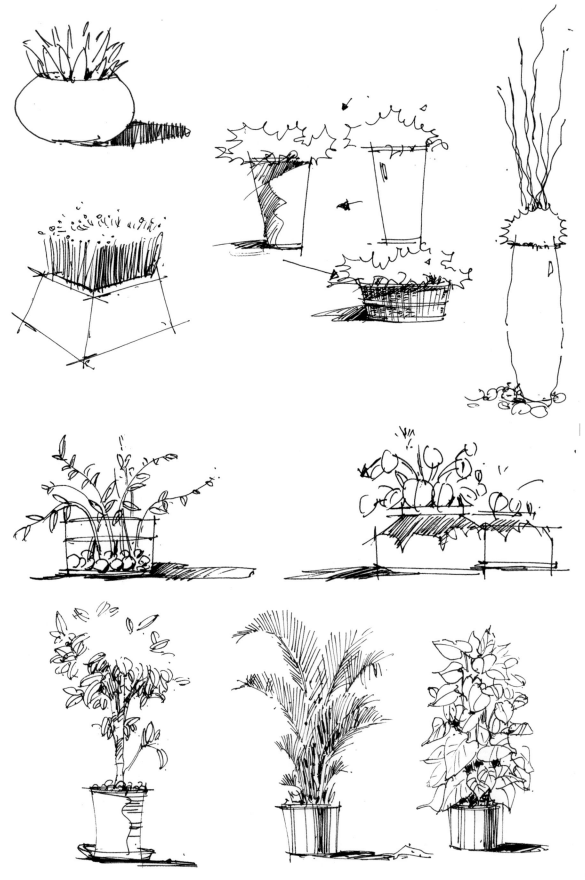

图 2-43　室内绿植的线稿表现（陈立飞　魏安平　作）

2.2 组合家具陈设分析与表现

2.2.1 组合家具陈设透视原理

组合家具对于初学者来说，最难的点其实是对于家具组合在整个空间中的透视比例大小的掌握，下面通过从简单到复杂、从平面再到透视空间进行分析，让初学者对于空间透视有一个基础的认识（图2-44~图2-47）。

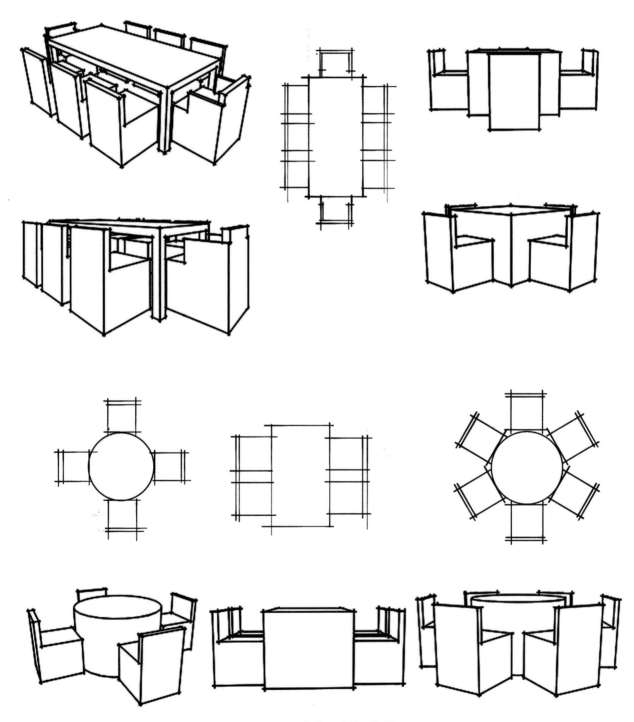

图 2-44 不同餐桌组合的透视关系

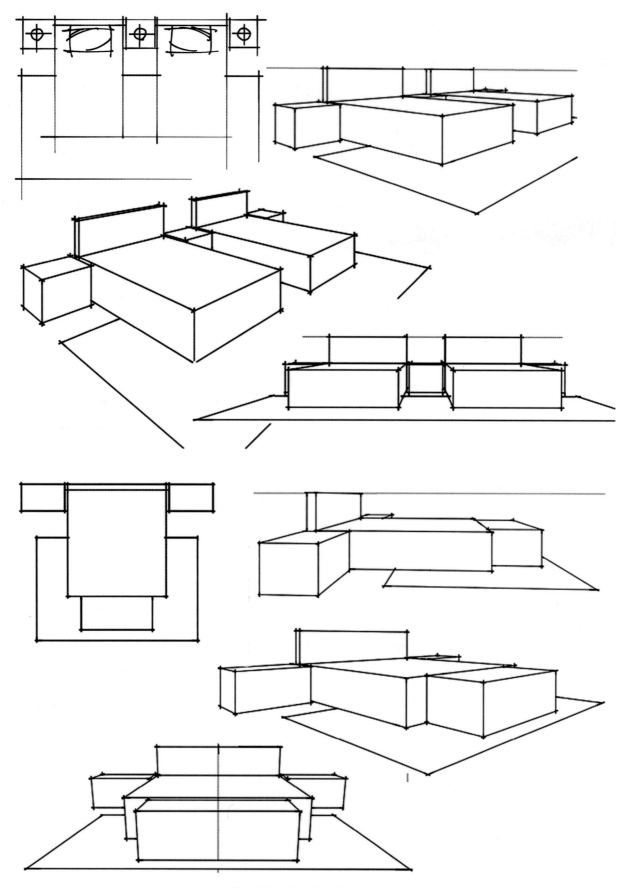

图 2-45　单人床与双人床的一点透视和两点透视表现

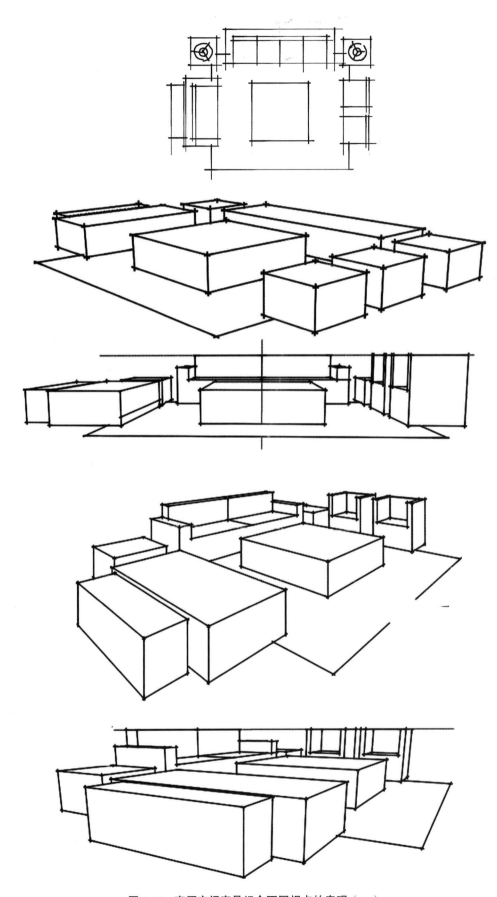

图 2-46　客厅空间家具组合不同视点的表现（一）

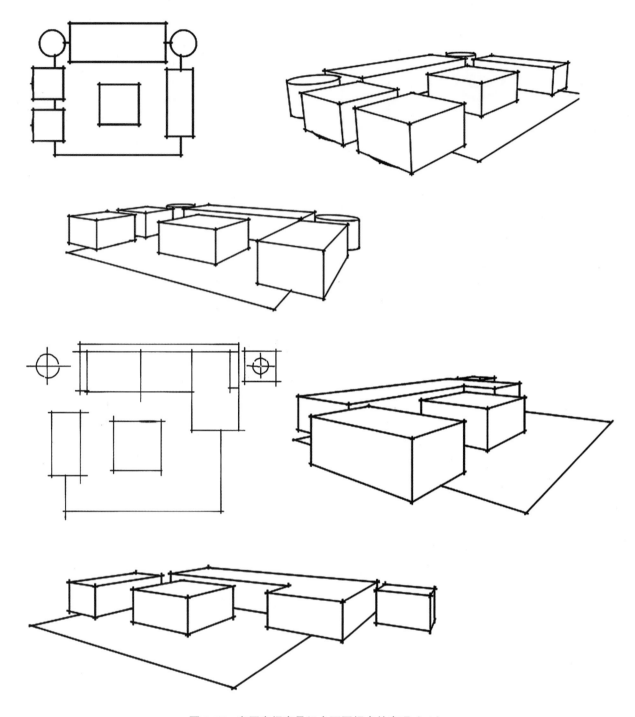

图 2-47　客厅空间家具组合不同视点的表现（二）

2.2.2　沙发组合的表现

1. 线稿绘制步骤分解（图 2-48、图 2-49）

步骤 1：理解沙发和灯具的平面布局，依据平面图进行线稿的绘制。

步骤 2：用方盒子概括形体，注意它的透视规律。

步骤 3：把椅脚和投影的位置找出来。

步骤 4：完善沙发的扶手、坐垫以及组合物的结构。

步骤 5：把椅脚完善，同时将坐垫的靠背加上去，完成。

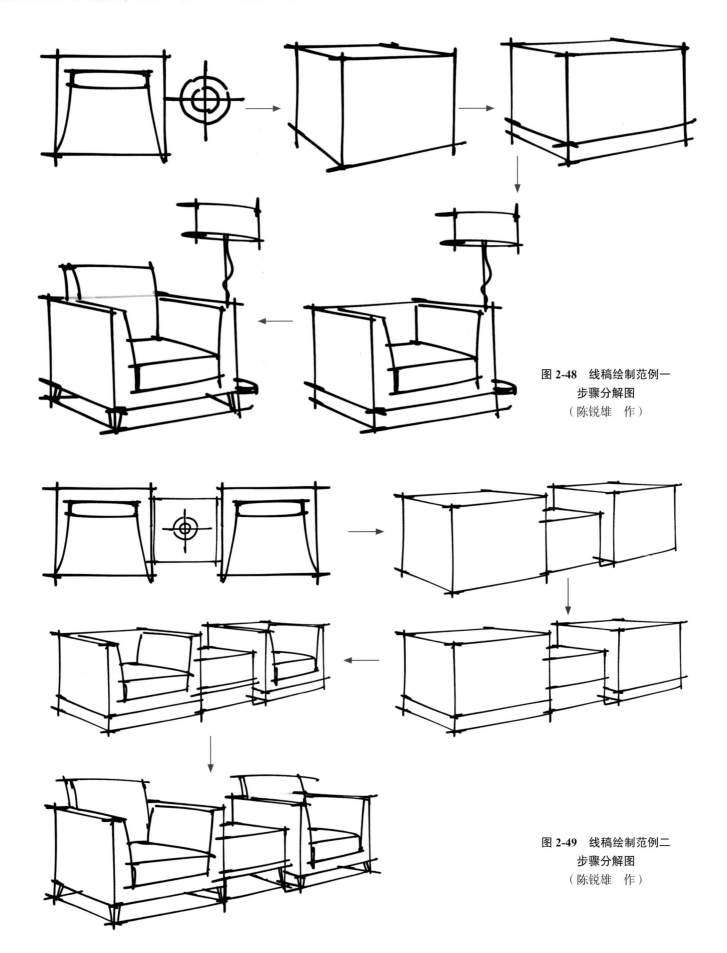

图 2-48 线稿绘制范例一
步骤分解图
（陈锐雄 作）

图 2-49 线稿绘制范例二
步骤分解图
（陈锐雄 作）

2. 马克笔上色步骤分解

（1）范例一。

步骤 1：画出沙发和茶几的大体外轮廓线，注意透视的方向（图 2-50）。

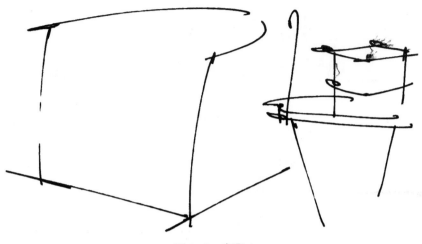

图 2-50　步骤 1

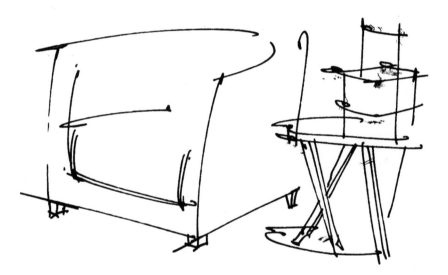

步骤 2：画出扶手和坐垫的厚度，完善茶几的细节（图 2-51）。

图 2-51　步骤 2

步骤 3：加入投影以及暗点（图 2-52）。

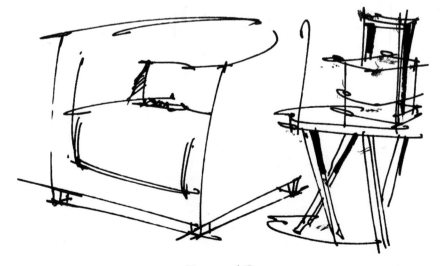

图 2-52　步骤 3

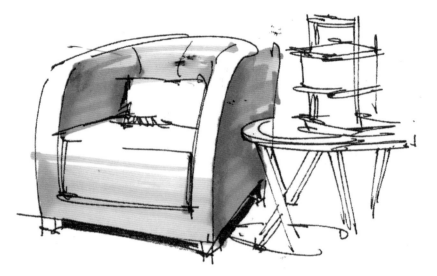

步骤4：从暗面出发开始上色，注意运笔的方向以及笔触（图2-53）。

图 2-53　步骤 4

步骤5：继续完善灰面以及亮面，使它们富有变化，注意亮面高光的留白处理。茶几从暗部开始上色（图2-54）。

图 2-54　步骤 5

步骤6：刻画出其他物体包括地板的投影，最终完成（图2-55）。

图 2-55　步骤 6 完成稿（陈锐雄　作）

（2）范例二。

步骤 1：画出大体外轮廓线，注意体块的比例尺寸以及透视方向（图 2-56）。

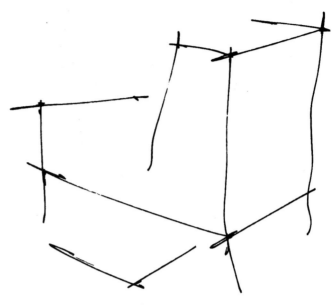

图 2-56　步骤 1

步骤 2：完善外轮廓的线条，刻画出椅脚（图 2-57）。

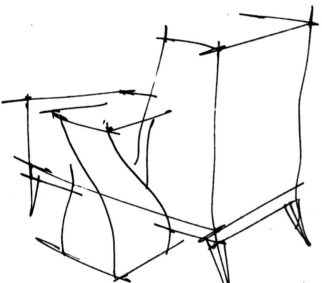

图 2-57　步骤 2

步骤 3：画出暗部的阴影位置以及暗点，同时画出茶几上的装饰物（图 2-58）。

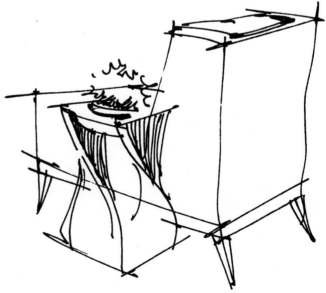

图 2-58　步骤 3

图 2-59　步骤 4

步骤 4：从暗面出发，注意马克笔的排笔以及上深下浅的规律，亮面要整体排线（图 2-59）。

步骤 5：采用马克笔的叠加技巧从上到下进行叠加，处理出面的变化（图 2-60）。

图 2-60　步骤 5

步骤 6：继续完善其他物体的暗面以及亮面，注意运笔时的轻重关系，完成（图 2-61）。

图 2-61　步骤 6 完成稿（陈锐雄　作）

（3）范例三。

步骤 1：画出物体大体外轮廓线，要注意透视的消失点以及视平线的位置（图 2-62）。

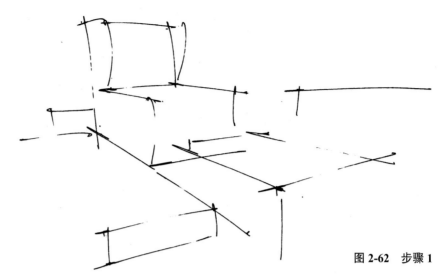

图 2-62　步骤 1

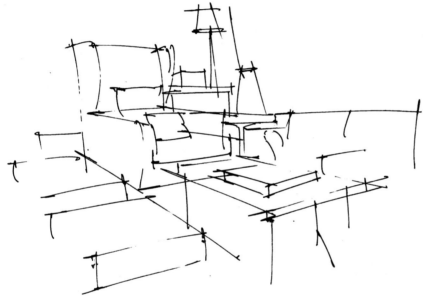

步骤 2：继续完善其他物体大的体块（图 2-63）。

图 2-63　步骤 2

步骤 3：刻画细节和投影（图 2-64）。

图 2-64　步骤 3

步骤4：完善投影的深浅变化
以及其他物体的细节（图2-65）。

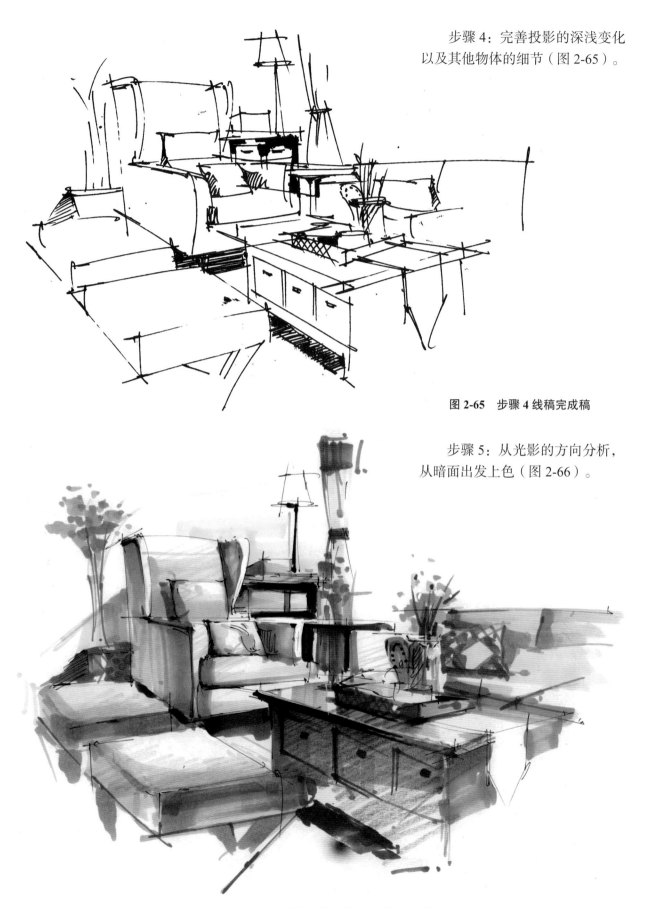

图2-65　步骤4线稿完成稿

步骤5：从光影的方向分析，
从暗面出发上色（图2-66）。

图2-66　步骤5马克笔上色完成稿（陈锐雄　作）

3. 其他沙发组合图例（图 2-67~图 2-76）

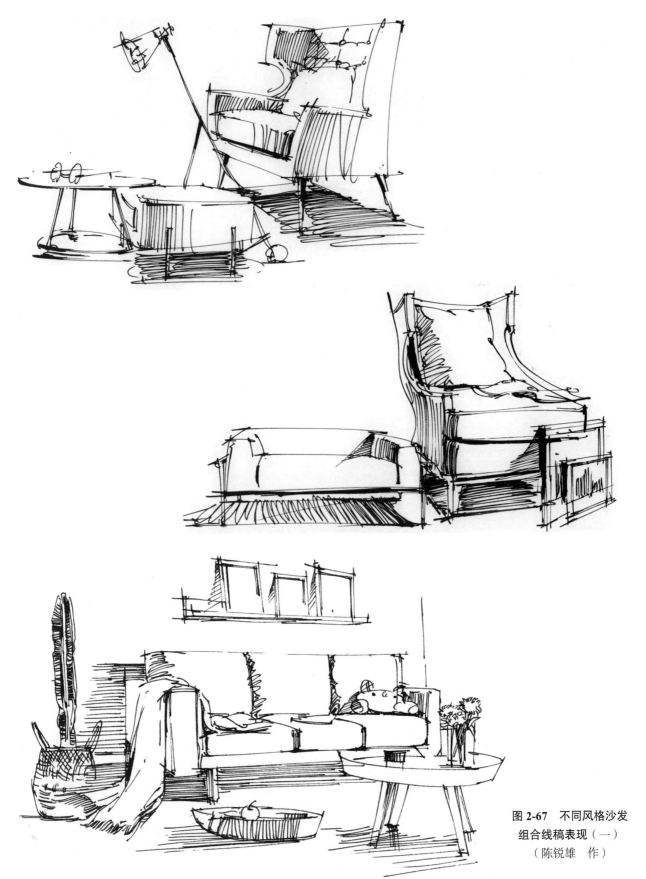

**图 2-67　不同风格沙发
组合线稿表现（一）**
（陈锐雄　作）

图 2-68　不同风格沙发组合线稿表现（二）（陈锐雄　作）

图 2-69　休闲风沙发组合马克笔表现（陈锐雄　作）

图 2-70　现代混搭风客厅沙发组合马克笔表现（陈锐雄　作）

图 2-71　简约风家具组合马克笔表现

图 2-72　小清新客厅沙发组合马克笔表现（陈锐雄　作）

图 2-73 乡村简约风客厅沙发组合表现（陈锐雄 作）

图 2-74 美式风格接待区沙发组合表现（陈锐雄 作）

图 2-75　不同风格沙发组合马克笔表现（一）（陈锐雄　作）

图 2-76　不同风格沙发组合马克笔表现（二）（陈锐雄　作）

2.2.3 床组合的表现

1. 现代风格大床的黑白线稿表现

步骤1：确定透视角度和床高比例，注意透视面的角度不宜过高（图2-77）。

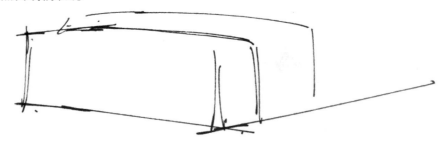

图2-77 步骤1

步骤2：按透视方向添加枕头和床头柜（图2-78）。

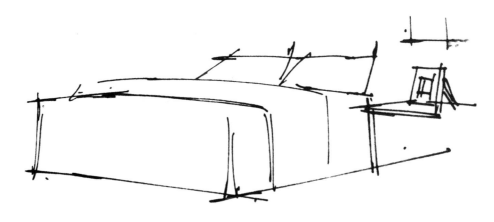

图2-78 步骤2

步骤3：处理床底下的投影线，床头侧板要和透视方向一致（图2-79）。

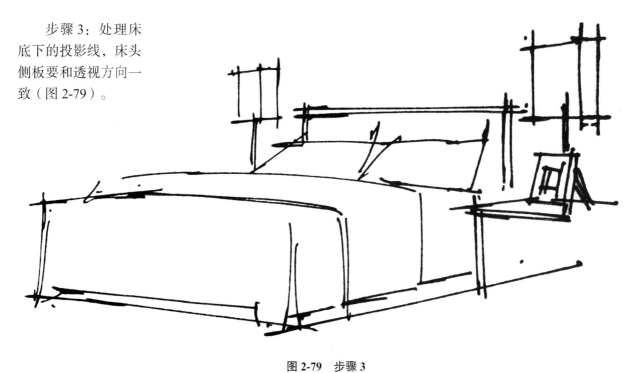

图2-79 步骤3

步骤4：添加远景的沙发，注意比例和透视方向（图2-80）。

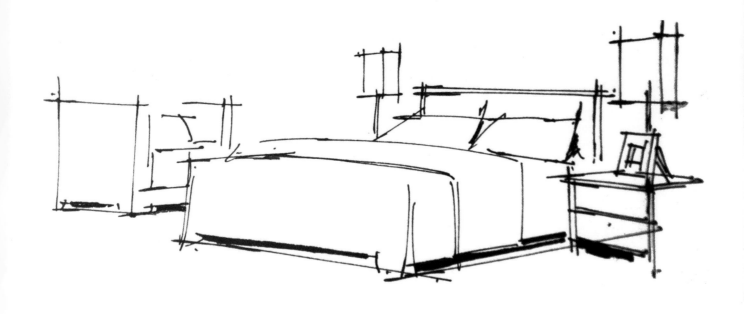

图 2-80　步骤 4

步骤 5：完善地毯和各物体之间的投影关系，增加质感的处理，最终完成（图 2-81）。

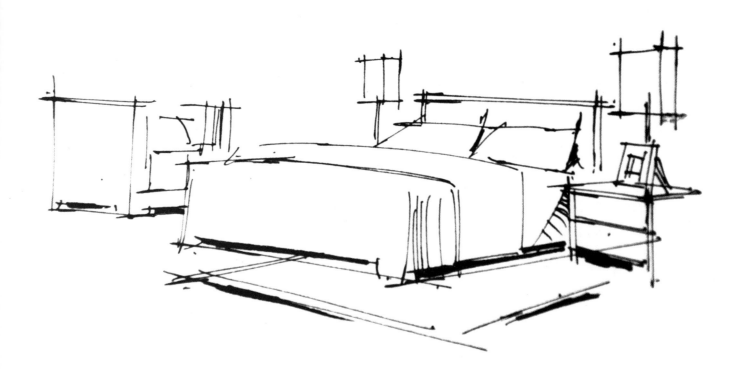

图 2-81　步骤 5 完成稿（方灿杰　作）

2. 乡村田园风格大床的黑白线稿表现

步骤1：确定床的高度，注意床单的褶皱处理（图2-82）。

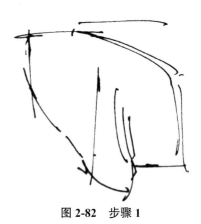

图2-82　步骤1

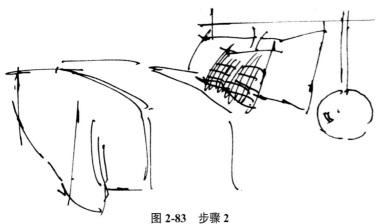

步骤2：明确透视方向，此时床头的侧板和枕头，床单都是要遵循透视的规律，近大远小（图2-83）。

图2-83　步骤2

步骤3：完善软装并添加它们的纹理（图2-84）。

图2-84　步骤3

步骤4：进一步深入刻画物体与物体之间相互的投影关系，添加远景家具，注意前后关系，把握好它们的结构关系，最终完成（图2-85）。

图2-85　步骤4完成稿（陈锐雄　作）

3. 现代摩登大床的黑白线稿表现

步骤 1：观察分析照片中床的透视比例关系，确定好视平线的位置（图 2-86）。

图 2-86　原照片

步骤 2：画出外轮廓（图 2-87）。

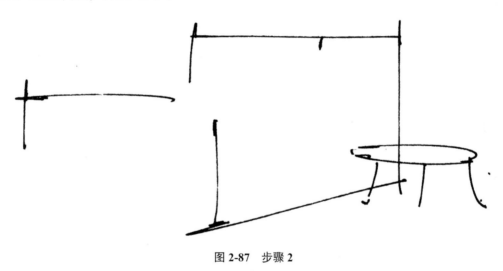

图 2-87　步骤 2

步骤 3：完善对外轮廓的刻画，这个时候要注意透视关系（图 2-88）。

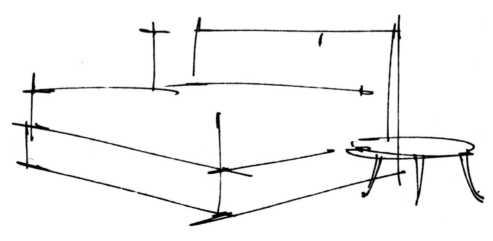

图 2-88　步骤 3

步骤 4：画出茶几、装饰品以及床品，注意透视关系（图 2-89）。

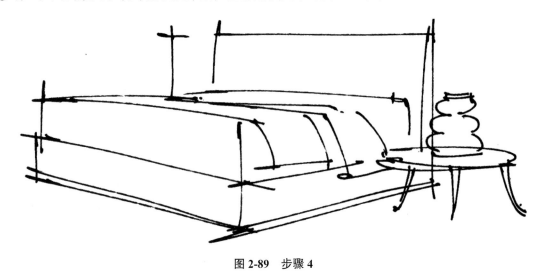

图 2-89　步骤 4

步骤 5：画出枕头以及灯具（图 2-90）。

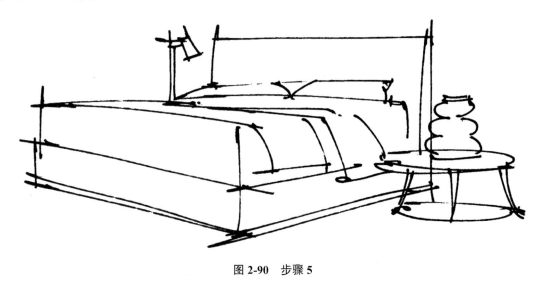

图 2-90　步骤 5

步骤 6：根据投影方向刻画细节和暗部，最终完成（图 2-91）。

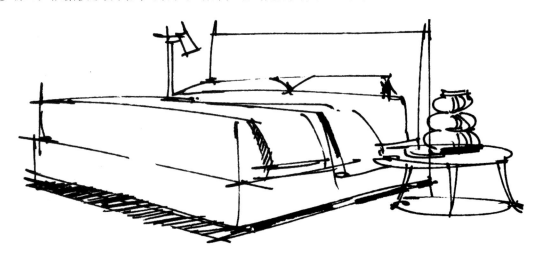

图 2-91　步骤 6 完成稿（陈锐雄　作）

4. 工业风大床的马克笔上色表现

步骤 1：画好线稿，注意对透视
和形体比例的把握（图 2-92）。

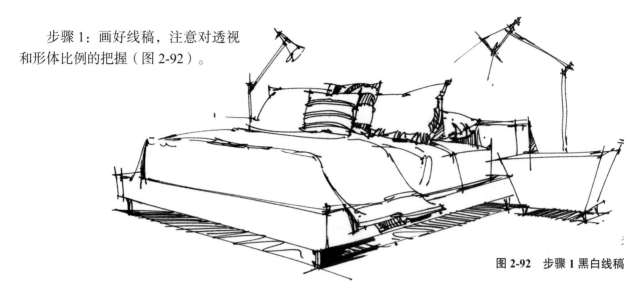

图 2-92　步骤 1 黑白线稿

步骤 2：画物体的灰面时不能太深，
注意物体的转折面颜色的区分，把握好
每个物体面与面的区分（图 2-93）。

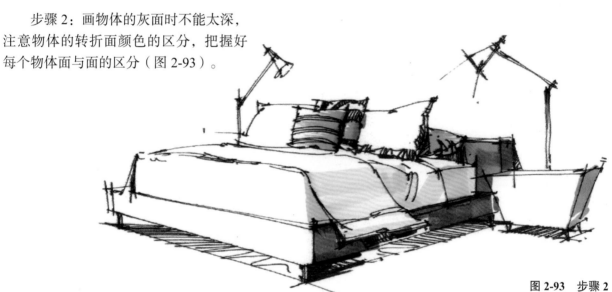

图 2-93　步骤 2

步骤 3：把床的灰面加上去，画的同
时要注意，灰面的颜色不能重过暗面的
颜色（图 2-94）。

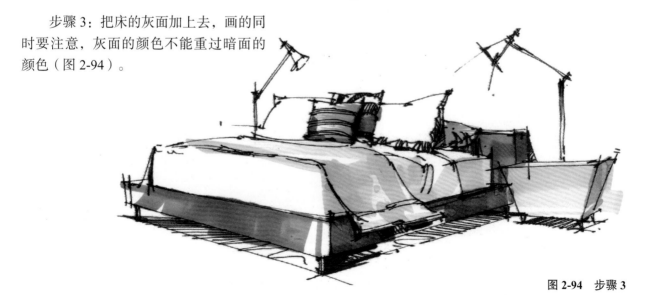

图 2-94　步骤 3

步骤4：用木色系的马克笔把地板按照透视的方式排笔，注意靠近床的地方颜色需要深（图2-95）。

图 2-95　步骤 4

步骤5：用深色马克笔加重暗面的对比和物体相互之间的投影，最后用彩铅刻画它们的质感（图2-96）。

图 2-96　步骤 5 上色完成稿（陈锐雄　作）

5. 现代简约风格大床的马克笔上色表现（图 2-97）

步骤 1：按照物体的固有色刻画暗部。

步骤 2：用同色系的颜色画物体的灰面，使其质感自然，局部可以留白。

步骤 3：用同色系的色彩加强物体的前后对比。

步骤 4：细节处添加彩色铅笔过渡，让颜色更加柔和，彩色铅笔用色尽量与主体颜色一致，不能太跳。

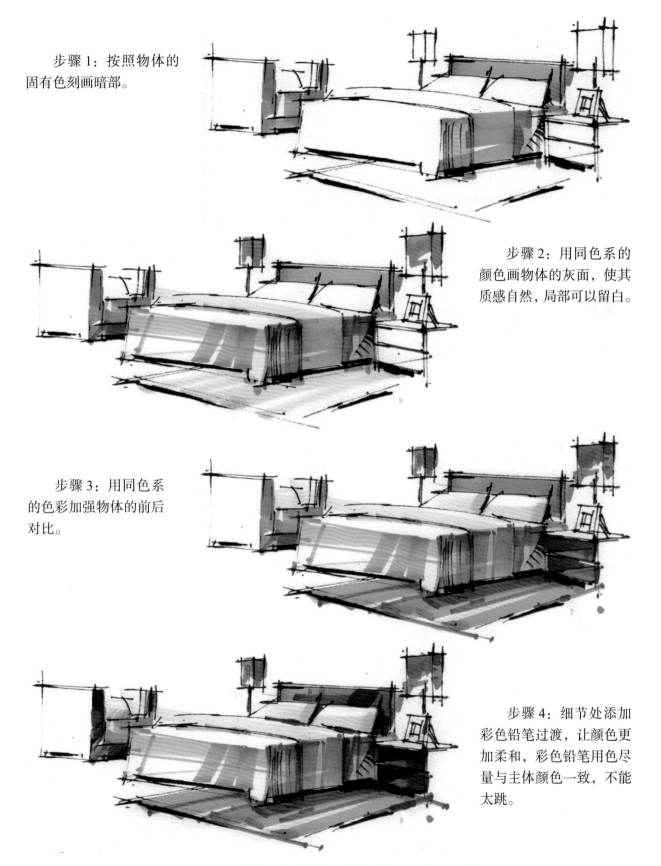

图 2-97 现代简约风格大床的马克笔上色表现（陈立飞 作）

6.床组合的表现赏析（图 2-98~图 2-101）

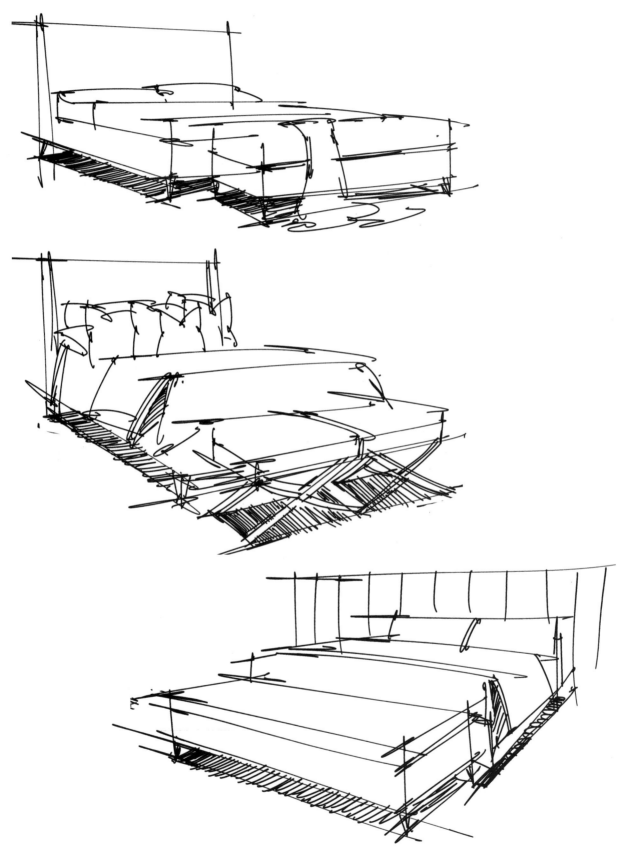

图 2-98 其他类型床组合的线稿表现（一）（陈锐雄 作）

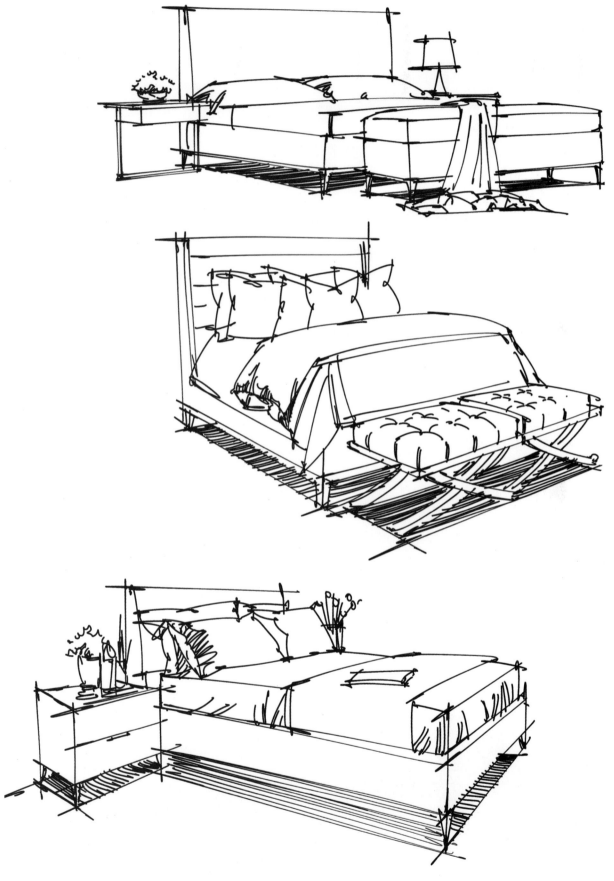

图 2-99　其他类型床组合的线稿表现（二）（陈锐雄　作）

图 2-100　不同风格床组合的马克笔表现（一）（陈锐雄　陈立飞　作）

图 2-101 不同风格床组合的马克笔表现（二）（陈锐雄 作）

Improvement of Interior Design Hand Painting

第3章　室内手绘提高篇
——室内空间效果图表现

3.1　空间线稿的分析与表现

　　画空间线稿时，难点多在于对整体比例、大小尺寸的把握。我们先要对整个空间基本的尺寸有大致了解，排除家具造型的干扰，这样，在空间设计的时候才能更多注意空间的整体设计和造型。通过基本的训练后我们很容易就可以过渡到对整体空间的把握了。

　　开始绘制空间线稿之前，我们要练习在纸上建模，即对空间原理进行草图分析。室内透视空间包括一点平行透视空间、一点斜透视空间和两点透视空间。

3.1.1　一点透视空间训练

　　空间的表现首先要理解平面布局，然后在平面布局的基础上将其透视化（图 3-1）。

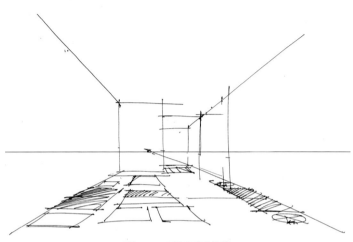

图3-1　平面图透视化

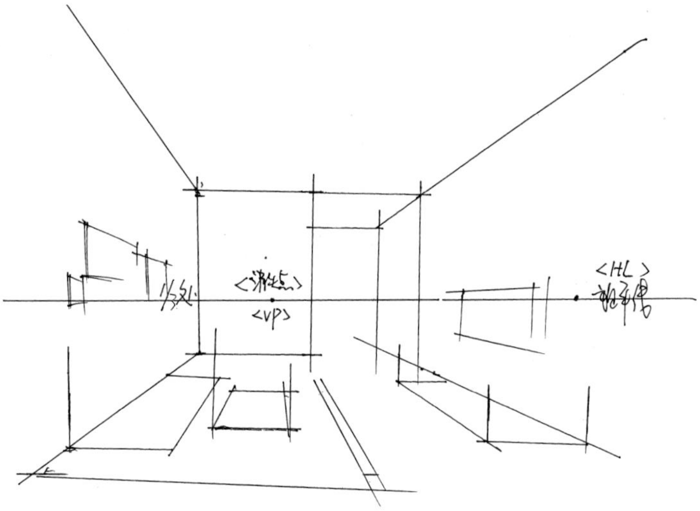

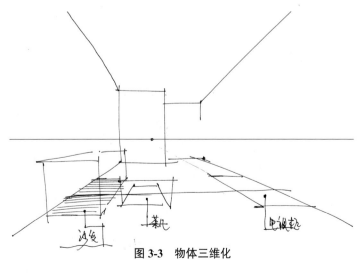

图3-2　空间的重点分析

　　空间表现中最重要的是，定好视平线（HL）和消失点（VP）。视平线一般定在空间总高度的 1/3 处，这样在室内空间可呈现一种稳重、端正的状态（图 3-2）。

　　将平面透视化处理后，再赋予物体各自的高度，将它们三维化。一般沙发高度为 900mm，茶几高度为 450mm，电视柜高度为 400mm（图 3-3）。

图3-3　物体三维化

绘制细节把握，客厅里
的沙发、茶几、电视柜、大灯
和电视机的位置在同一中线上
（图3-4）。

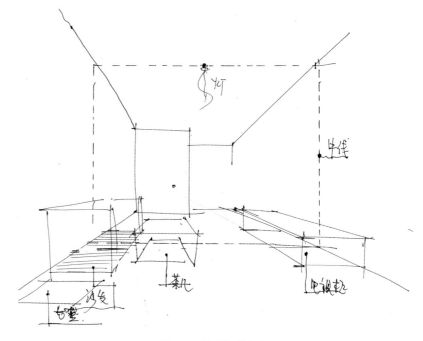

图3-4　绘制细节把握

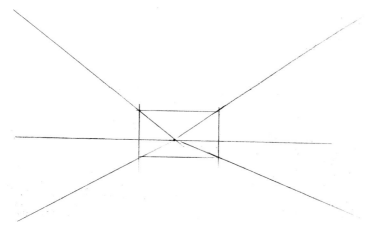

图3-5　步骤1

在草图分析理解空间的基础上，
绘制线稿。

步骤1：初学者在这一步可以
先用铅笔起稿，利用简单的线条确
定出空间的基准面（站点对面的墙
体）、视平线、消失点及透视线（图
3-5）。

步骤2：定好大体透视
方向后，继续用铅笔将空间
的大结构进行细化，认真推
敲各部分的体块关系，并用
单线定位出来（图3-6）。

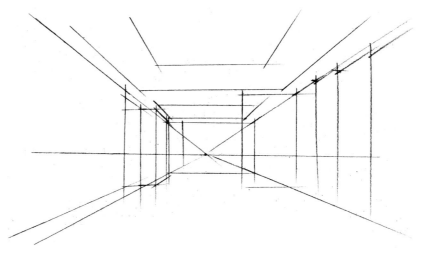

图3-6　步骤2

步骤 3：用 "投影法" 来确定家具组合的地面位置，注意长宽比例及彼此间距（图 3-7）。

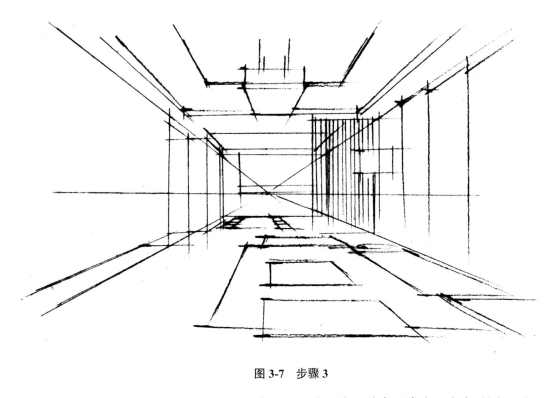

图 3-7　步骤 3

步骤 4：用 "几何形体" 的方法概括出各家具的基本形态，线条要肯定、有力（图 3-8）。

图 3-8　步骤 4

步骤 5：将各家具形体进行细化，并简单地处理一下周围环境，为下一步的绘图笔勾线做准备（图 3-9）。

图 3-9　步骤 5

步骤 6：用绘图笔勾出空间的整体形态，注重边缘线的塑造以及形体间的转折关系，线条要肯定、有力。最后简单地处理一下空间的阴影关系即可收笔（图 3-10）。

图 3-10　步骤 6 线稿完成稿（李磊　作）

3.1.2　一点斜透视空间训练

在现实生活中，我们很少能看到完全水平的线条，因为视觉透视的原因，墙面的两条平行边看上去往往都有一定程度的倾斜，这时候可以用一点斜透视的方法处理空间问题。

一点斜透视是介于一点透视和两点透视之间的透视方法，其特点是主视面与画面形成一定的角度，并平缓地消失于画面很远的消失点，类似两点透视；而两侧墙面的延长线则消失于画面的视觉中心，类似一点透视。

　　一点斜透视较一点平行透视构图更为生动，画面结构更丰富，较两点透视更容易把握，因此在表现室内空间时应用更为广泛，也更加实用。

　　步骤 1：首先利用几何形的概括画法找准空间的形体关系，确定物体的平面位置，注意透视要准确。线稿的难点就是视平线的定位和消失点的把握，展示柜的位置和在同一个透视线上的灯具的透视关系（图 3-11）。

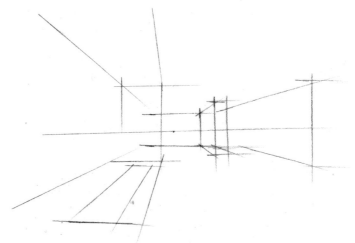

图 3-11　步骤 1

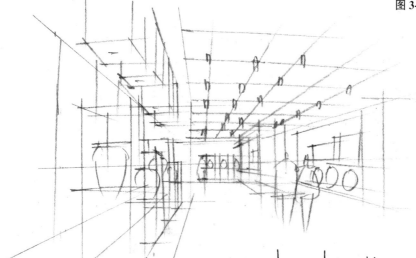

图 3-12　步骤 2

　　步骤 2：在平面几何形态的基础上，按照位置、比例和透视关系拉伸物体，赋予高度，用简单的线条刻画出空间的主要结构，并注意相互间的尺度关系（图 3-12）。

　　步骤 3：用绘图笔画出空间的轮廓并深入细节，区分不同材质的体面和质感，并简单刻画阴影关系（图 3-13）。

图 3-13　步骤 3 线稿完成稿（李磊　作）

3.1.3 两点透视空间训练

步骤1：从单体开始入手，确定两个沙发单体的透视方向和比例（图3-14）。

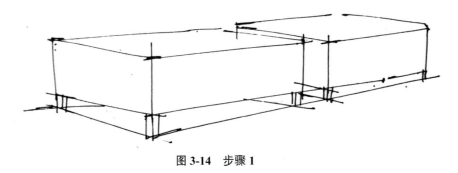

图3-14 步骤1

步骤2：根据沙发单体的透视方向，确定茶几与沙发柜子的位置（图3-15）。

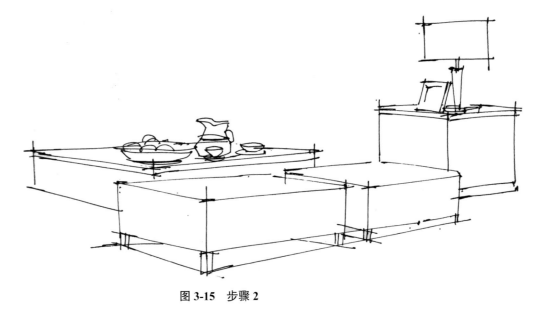

图3-15 步骤2

步骤3：同理将后面的沙发刻画出来（图3-16）。

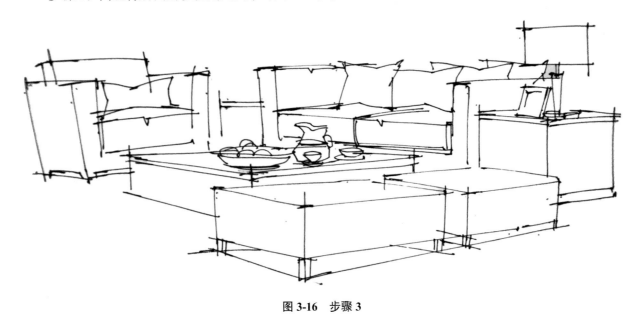

图3-16 步骤3

步骤 4：把墙角的透视线找出来，同时把墙面的装饰也刻画出来（图 3-17）。

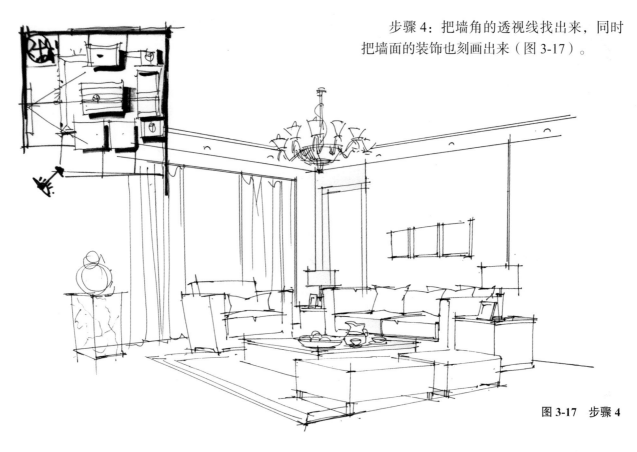

图 3-17　步骤 4

步骤 5：把物体之间的阴影刻画出来（图 3-18）。

图 3-18　步骤 5

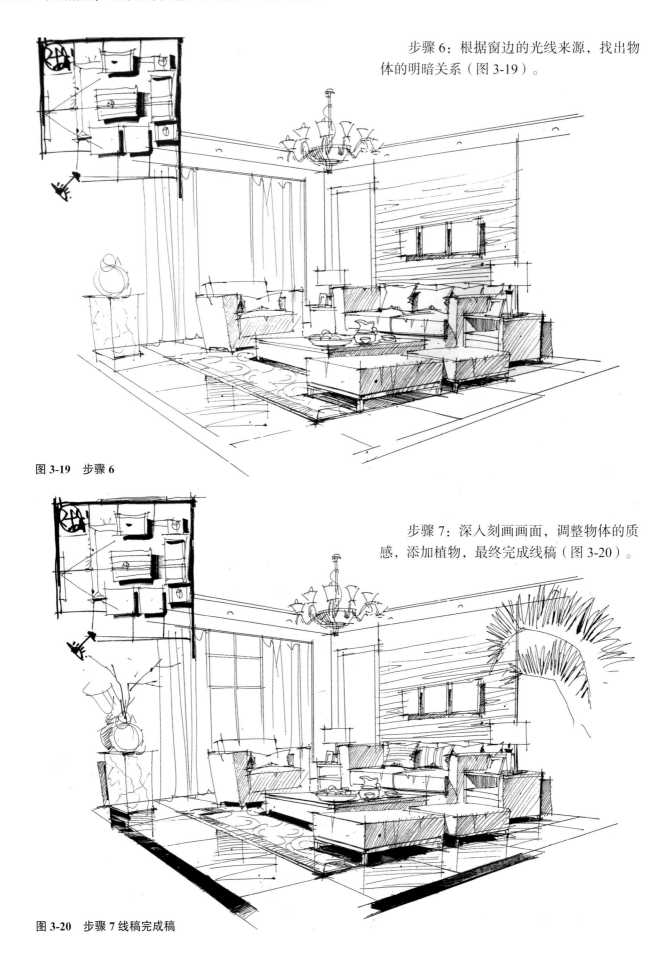

步骤6：根据窗边的光线来源，找出物体的明暗关系（图3-19）。

图3-19　步骤6

步骤7：深入刻画画面，调整物体的质感，添加植物，最终完成线稿（图3-20）。

图3-20　步骤7线稿完成稿

3.1.4　家装空间线稿表达

家装空间线稿表达如图 3-21~图 3-23 所示。

图 3-21　尺规加徒手的客厅线稿表达（一）（魏安平　作）

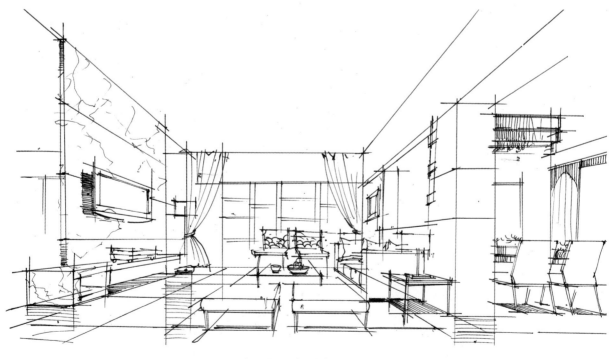

图 3-22　尺规加徒手的客厅线稿表达（二）（魏安平　作）

图 3-23　照片临绘家居空间线稿表达（陈锐雄　作）

3.1.5 工装空间线稿表达

工装空间线稿表达如图 3-24~ 图 3-26 所示。

注意立面和顶棚的造型

注意整幅画面黑白灰的关系

注意等分在透视中的准确性

图 3-24 大堂空间线稿表达（陈锐雄 作）

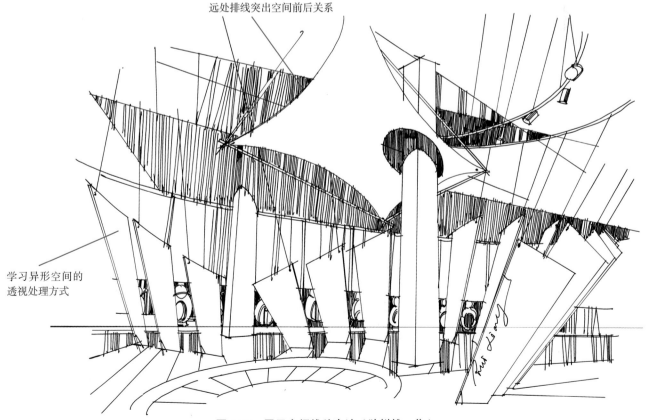

远处排线突出空间前后关系

学习异形空间的透视处理方式

图 3-25 展示空间线稿表达（陈锐雄 作）

空间效果图

空间线稿

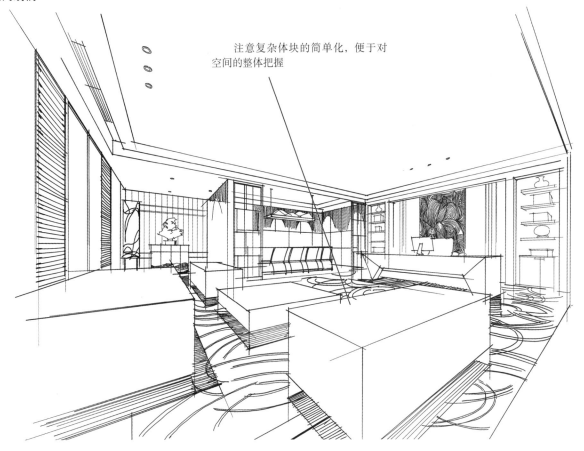

注意复杂体块的简单化，便于对
空间的整体把握

图 3-26　办公室空间线稿表达（陈锐雄　作）

3.2　空间的马克笔表现

3.2.1　室内空间单色效果图训练

单色效果图训练有助于初学者进入空间色彩训练的时候，排除色彩的干扰，只注意明暗光影与黑白灰的关系，从而更容易把握空间色彩的表达（图 3-27）。

空间效果图

单色线稿

图 3-27　室内空间单色效果图训练（陈锐雄　作）

单色上色

图 3-27　室内空间单色效果图训练（续）（陈锐雄　作）

3.2.2　室内空间马克笔上色表现

1. 家装空间马克笔表现

（1）范例一：新中式客厅（一）。

客厅空间效果图与空间线稿如图 3-28、图 3-29 所示。

图 3-28　空间效果图

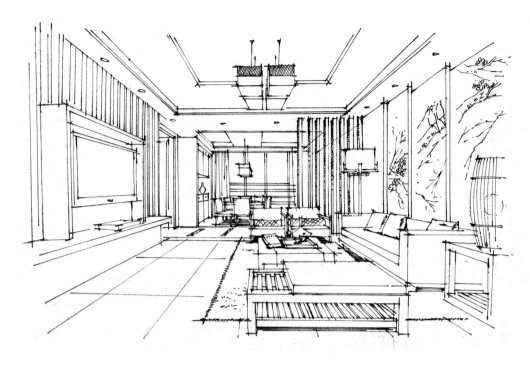

图 3-29　空间线稿

步骤 1：用木色画出空间木质家具的固有色；用淡黄色彩色铅笔画出灯光的颜色；用暖灰色画出空间吊顶的颜色，注意远重近亮，拉开空间关系（图 3-30）。

图 3-30　步骤 1

步骤 2：用土黄色彩色铅笔配合相似颜色的马克笔刻画沙发背景墙；地面的颜色同样用淡黄色系来刻画，要注意材质的反射效果；用较深的木色刻画木制家具的暗部效果；利用淡蓝色彩色铅笔配合相似马克笔刻画沙发坐垫及靠垫的固有色，注意亮面需留白（图 3-31）。

图 3-31 步骤 2

步骤 3：对空间做进一步刻画，注意笔法与空间造型的协调关系，明确空间的进深关系（图 3-32）。

图 3-32 步骤 3

步骤 4：做最后的深入调整，注重光影的变化关系和室内的氛围感，前景的物体需要刻画再细致一些，远景的物体则需概括，把握好画面的总体对比与虚实关系即可收笔（图 3-33）。

图 3-33　步骤 4 完成稿（李磊 作）

（2）范例二：新中式客厅（二）。

步骤1：线稿方面，要用简练的笔墨去处理，该图可以理解为一点斜透视或两点透视，需注意物体的投影关系（图3-34）。

图 3-34　步骤 1

步骤2：用单色刻画物体的墙面，采用马克笔的渐变手法去处理，用色要大胆，敢用黑色（图3-35）。

图 3-35　步骤 2

步骤 3：铺物体的固有颜色，注意物体的受光面与背光面的色彩明暗对比，左边的窗格不上颜色，是为了更好地拉开画面的空间感（图 3-36）。

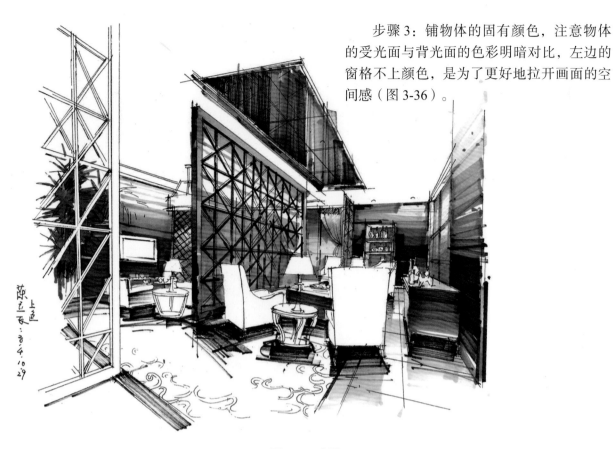

图 3-36　步骤 3

步骤 4：刻画沙发的色彩。沙发的颜色比较淡雅，所以要通过周围的重颜色去衬托（图 3-37）。

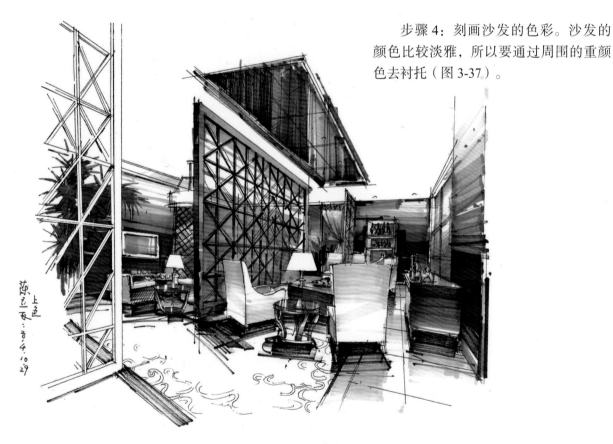

图 3-37　步骤 4

步骤5：物体的互补色运用在窗帘和地毯上，使画面更协调。同时深入画面的细节部分，如小装饰品、远景的植物、台灯的花纹（图3-38）。

图 3-38　步骤 5 完成稿（陈立飞　作）

|看一下局部的色彩处理|

|木栅格的处理|

　　木栅格的处理重点是木条的受光面与背光面的明暗关系，远处的木条不用处理得很满，可以适当放松处理得虚一点。

|沙发的处理|

　　单体沙发的质感和光感是通过周围深色的材质衬托出来的。

|地毯的处理|

　　地毯是通过纹路和地毯上物体的投影关系来衬托它的丰富变化的。画地毯时可以借助彩色铅笔使处理手法变得更简单。

|墙面的处理|

　　由于墙体处于画面的远处，所以它的色调相对会比较暗。同时墙体也受灯光的影响，所以上浅下深（用黑色压重画面，这样更加好地衬托柜子与沙发）。

|软包的处理|

　　软包的色彩是很丰富的，冷色与暖色相结合处理得非常恰当，同时也采用了上浅下深的处理手法。

|沙发的处理|

　　由于该沙发位于后面，所以需通过明暗关系拉开物体的空间关系，添加蓝紫色的彩色铅笔，使前后沙发的空间关系更加明显。

因为吊灯颜色很浅，所以把木栅格的颜色加深，更好地衬托吊灯。

顶棚的灰镜恰当地反映下面物体的形状与色彩，但是不能画得过于具象。

该处的木栅格留白可以更好地拉开物体的前后关系。

窗外的景色变得模糊，色调加深，可以更好地反映室内物体的光感。

（3）家装空间马克笔表现赏析（图 3-39～图 3-45）。

空间线稿

图 3-39 客厅空间马克笔表现赏析（一）（陈锐雄 作）

空间线稿

图 3-40 客厅空间马克笔表现赏析（二）（陈锐雄 作）

空间效果图

空间上色图

图 3-41　照片临绘家居空间马克笔上色赏析（一）（陈锐雄　作）

｜看一下局部的色彩处理｜

｜沙发投影的处理｜

此处阴影是由远处桌子以及灯架产
生的，下深上浅，而且投影也应该有造
型而不应处理成一片。

｜地面投影的处理｜

注意投影的渐变关系。

｜强受光物体的处理｜

光源在右上方，如果光刚好强烈地
投射在物体上，那么应该注意光的形状
随着物体转折而产生变化，这里对最强
光处做留白处理。

｜近景的处理｜

对于近景的处理，特别是受光区域，
更多的是分析环境对物体产生的影响，
此时物体本身的固有色已经几乎没有了，
这里采用了天光冷色来表达。

｜沙发的处理｜

对于前景沙发物体的刻画，不宜刻
画过多，只需将背景暗部压下去，突出
沙发。应根据光源采用竖排笔，这个时
候要注意运笔的轻重。

｜地板投影的处理｜

对于物体投影到地板上，需要观察
物体本身固有色有没有对地板产生影响，
更多的时候只需要表现出深浅即可。

| 看一下局部的色彩处理 |

| 钢材暗部的处理 |

　　钢材暗部是中间亮、两边暗的，因为
是远处的物体，所以只需稍加点缀即可。

| 树影的处理 |

　　对于树影的处理，采用更浅的笔，注
意运笔笔触应该和树形一致，运笔要轻快，
注意降低对比度，从而增加整体空间感以
及亮部的一些细节的变化。

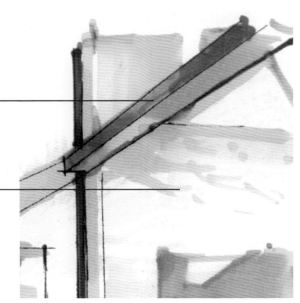

| 大面积玻璃的处理 |

　　对于远处大面积的玻璃材质，更多时
候把玻璃忽略处理即可，只要观察光对物
体的影响即可。运笔上我们可以采用玻璃
本身原有固有色最浅的色彩做刻画即可。

| 灯具的处理 |

　　此处是白色的灯具，但物体本身所
处的位置也是暗部，多数初学者面对这种
情况时往往会把灯留白要不就画得比背景
暗，这两种都是错误的。灯具的白是靠对
比表现出来的，在观察物体的时候，不能
光看灯具固有色去选颜色，而应该从整体
选颜色来搭配。

| 楼梯暗面的处理 |

　　楼梯整体材质较暗，又处于远处，因
此求变化的时候要靠运笔的轻重来完成。

| 楼梯底暗部的处理 |

　　对于楼梯底部应该整体看待，尽量采
用灰色系来做空间推移，注意整体的变化
即可。

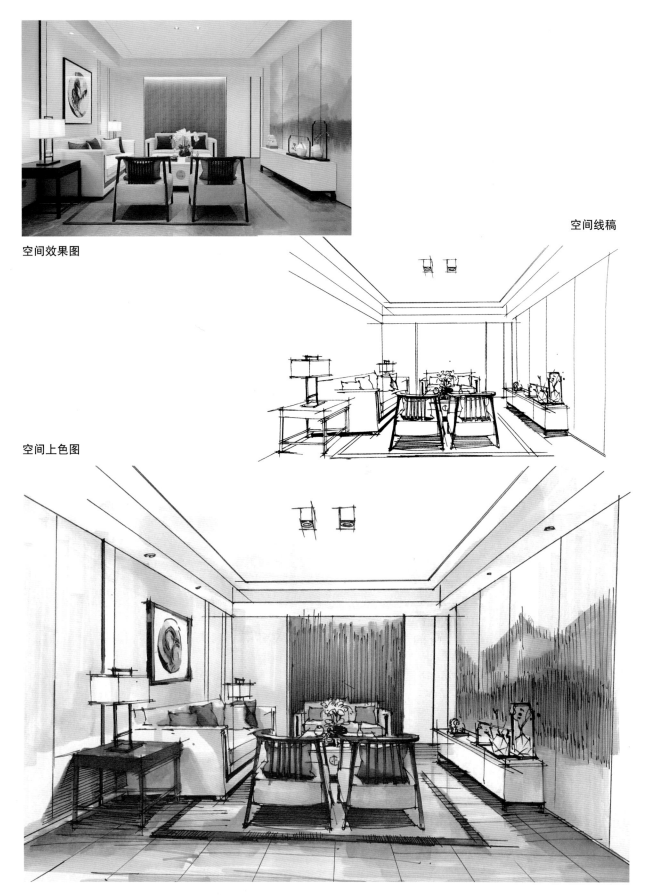

空间线稿

空间效果图

空间上色图

图 3-42　照片临绘家居空间马克笔上色赏析（二）（陈锐雄　作）

空间效果图

空间上色图

图 3-43　照片临绘家居空间马克笔上色赏析（三）（陈锐雄　作）

空间效果图

空间上色图

图 3-44 照片临绘家居空间马克笔上色赏析（四）（陈锐雄 作）

空间效果图

空间上色图

图 3-45　照片临绘家居空间马克笔上色赏析（五）（陈锐雄　作）

2. 工装空间马克笔表现

　　工装空间的设计与表现应该与家装空间区别开。工装空间更加注重的是功能性与美观性，注重体验效果，更多属于服务型空间，以盈利为目的。因此在绘制时更多注重的是整体性，最常见的有展示空间、公共体验空间、服务类空间等。在区分这些类型的时候，要从立面或造型出发思考整个空间的设计，草图也成为必备的表达方法。从一个中心元素去发散引导自己进入设计状态，初学者很多时候不是因为没有想法，更多的思维模式错误导致没有办法进入下一步的设计状态，所以掌握方法变得非常重要。

（1）范例一：展示空间。

空间效果图

空间线稿

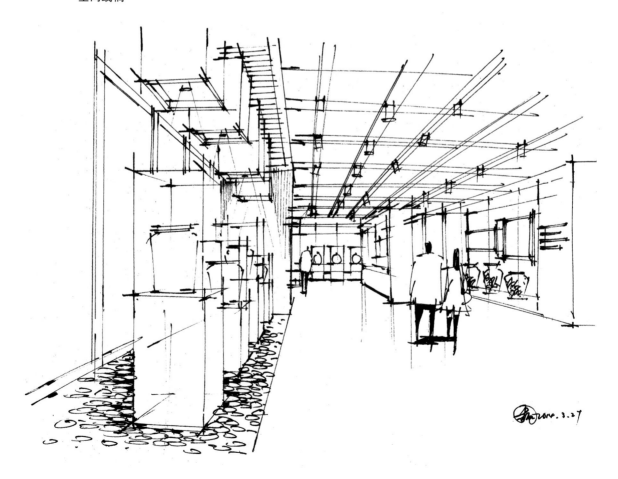

步骤 1：用深灰色马克笔刻画空间顶棚的颜色，运笔要整体；用黄灰色画出地面的颜色，注意材质的反射效果；用浅灰色画出展示柜的基本颜色（图 3-46）。

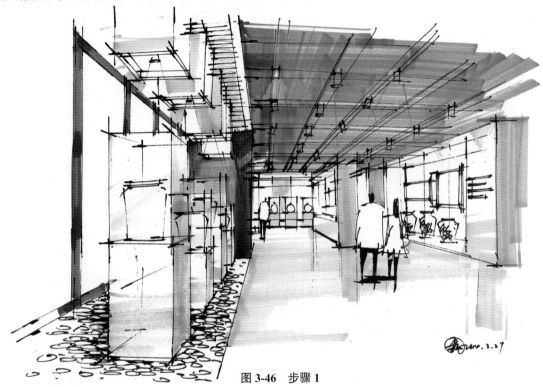

图 3-46　步骤 1

步骤 2：加强层次关系，突出灯光及空间氛围（图 3-47）。

图 3-47　步骤 2

步骤 3：深入刻画空间，明确空间的材质质感，拉开空间进深关系，加强明暗对比度，高光部分可用高光笔提白（图 3-48）。

图 3-48　步骤 3 完成稿（李磊 作）

（2）范例二：茶室空间。

空间效果图

空间线稿

　　步骤1：运用深黄色彩色铅笔和马克笔画出灯光及周边的光晕，然后再用中灰色和深灰色马克笔进行衔接，刻画出深色顶棚的效果（图3-49）。

图3-49　步骤1

　　步骤2：用土黄色彩色铅笔配合浅色马克笔刻画右侧石灰墙；用较深的木色刻画木制家具和左侧木墙的固有色，并注意材质效果（图3-50）。

图3-50　步骤2

步骤 3：用灰色马克笔刻画地板，注意反射，用深木色马克笔刻画近处木质桌凳（图 3-51）。

图 3-51　步骤 3

步骤 4：深入刻画空间，对空间的氛围以及材质质感做加强处理，尤其近处物体的质感需要细致刻画。明确空间的明暗对比，并用高光笔提白后即可收笔（图 3-52）。

图 3-52　步骤 4 完成稿（李磊　作）

（3）范例三：餐饮空间。

空间效果图

线稿步骤1：用绘图笔首先画出近处餐桌椅及灯具，注意透视准确、造型严谨（图3-53）。

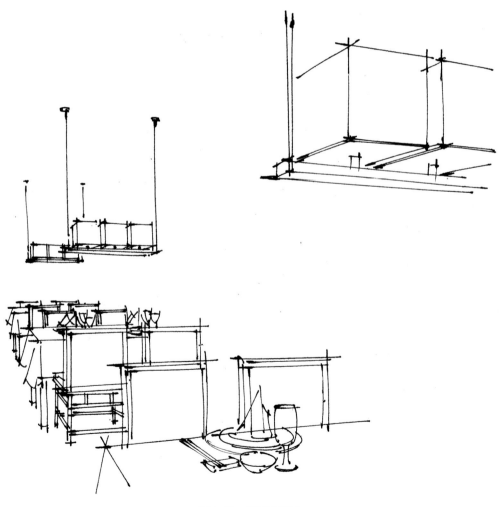

图3-53　线稿步骤1

线稿步骤 2：继续画出空间的屏风隔断，这一步不做细节，只强调大的块面转折关系，同时概括画出隔断后面各部分形体（图 3-54）。

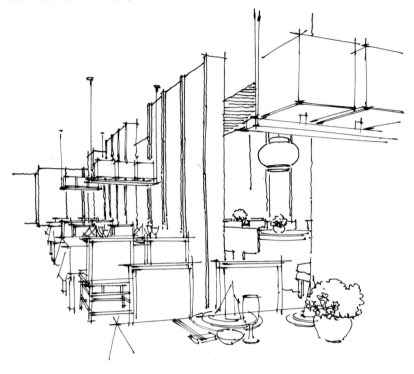

图 3-54　线稿步骤 2

线稿步骤 3：右侧空间处理好之后逐步向左侧空间推移，采用此方法时一定要注意从整体着眼，比较空间的位置、透视和尺度感，切不可一直盯着局部刻画（图 3-55）。

图 3-55　线稿步骤 3

　　线稿步骤4：深入刻画空间的材质、隔断的窗格、墙面的砖块以及地面铺装等，要分清主次，不要面面俱到（图3-56）。

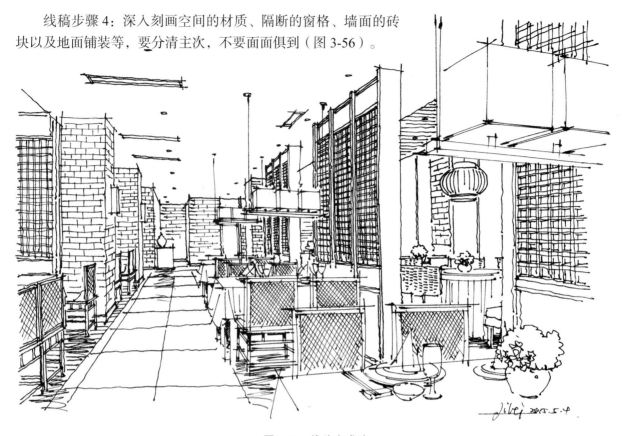

图3-56　线稿完成稿

　　上色步骤1：利用木色和灰色确定空间的基本色调，亮面留白，灰面和暗面暂不做明显区分；灯光部分利用彩色铅笔刻画（图3-57）。

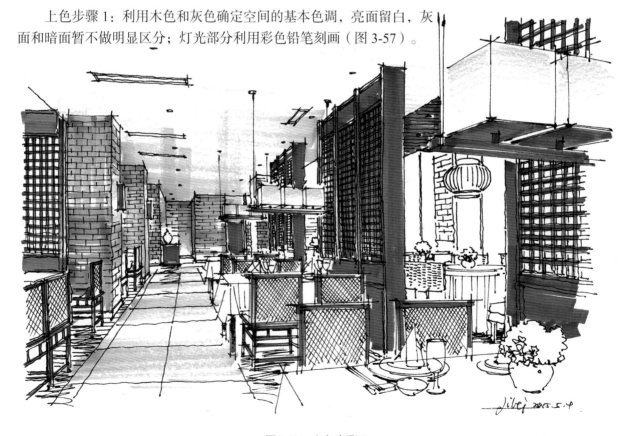

图3-57　上色步骤1

上色步骤 2：加深空间物体的暗部，强化块面转折，同时刻画主要物体的材质（图 3-58）。

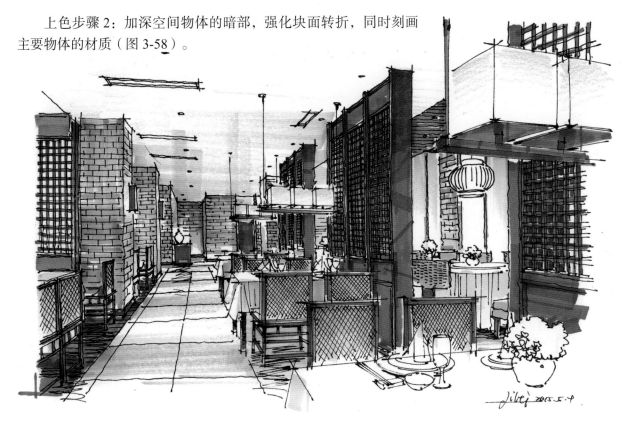

图 3-58　上色步骤 2

上色步骤 3：深入刻画空间，对餐厅的氛围以及材质质感做加强处理，尤其近处物体的质感需要细致刻画。明确空间的明暗对比，并用高光笔提白后即可收笔（图 3-59）。

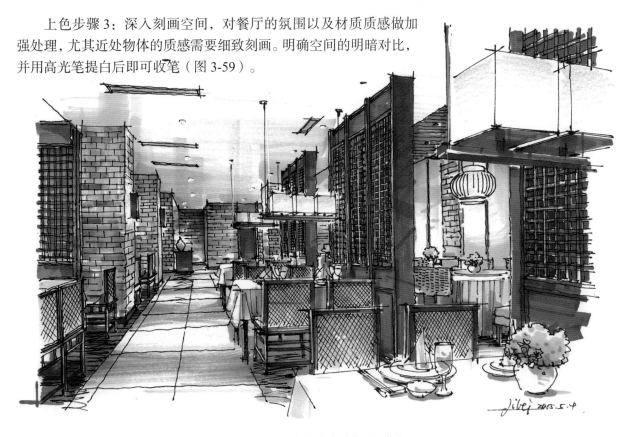

图 3-59　上色完成稿（李磊　作）

（4）范例四：卖场空间。

空间效果图

线稿步骤1：用绘图笔画出空间大体框架，注意透视准确、造型严谨（图3-60）。

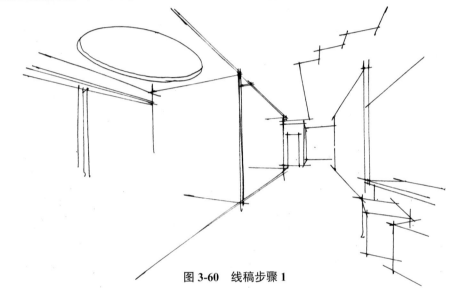

图3-60　线稿步骤1

线稿步骤2：继续画出空间的物体形态，这一步不做细节，只强调大的块面转折关系（图3-61）。

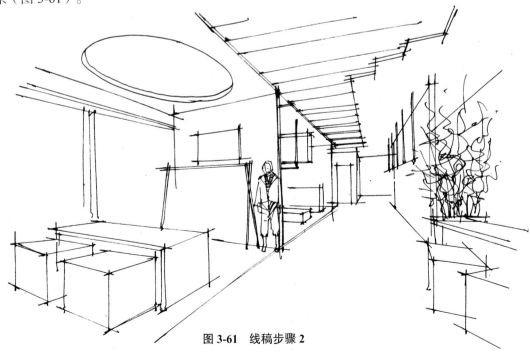

图3-61　线稿步骤2

线稿步骤 3：将空间的形态刻画完整，模特的形体、服装的样式等都要用概括的线条画出（图 3-62）。

图 3-62　线稿步骤 3

线稿步骤 4：深入刻画空间的材质，展卖的衣服、展架、模特以及地面铺装等，要分清主次，不要面面俱到（图 3-63）。

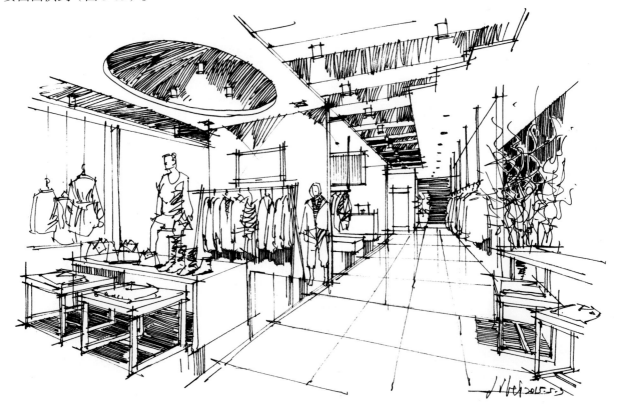

图 3-63　线稿完成稿

　　上色步骤1：首先利用不同深浅的灰色确定空间的基本色调，灰面和暗面暂不做明显区分；灯光部分暂时留白（图3-64）。

图3-64　上色步骤1

　　上色步骤2：加深空间物体的暗部，强化块面转折，同时刻画主要物体的材质（图3-65）。

图3-65　上色步骤2

上色步骤 3：深入刻画空间，对空间的氛围以及材质质感做加强处理，尤其近处物体的质感需要细致刻画（图 3-66）。

图 3-66　上色步骤 3

上色步骤 4：明确空间的明暗对比，并用高光笔提白后即可收笔（图 3-67）。

图 3-67　上色完成稿（李磊　作）

（5）范例五：办公室空间。

空间效果图

空间线稿

步骤 1：用暖灰色马克笔、浅蓝色和淡黄色、棕色彩色铅笔画出顶棚的基本颜色。颜色要注意"近亮远暗"，这样才能将空间的进深感体现出来（图 3-68）。

图 3-68　步骤 1

步骤 2：用棕色彩色铅笔结合褐色马克笔画出墙面的基本色，窗户部分用浅蓝色马克笔刻画（图 3-69）。

图 3-69　步骤 2

步骤 3：用不同深浅的暖灰色马克笔结合土黄色彩色铅笔画出办公家具。家具上色不要涂得过满，要注意留白，这样看上去才会显得透亮（图 3-70）。

图 3-70　步骤 3

步骤 4：用褐色彩色铅笔配合暖灰色马克笔画出地面抛光砖的反射效果，同样要注意"近亮远暗"（图 3-71）。

图 3-71　步骤 4 完成稿（李磊　作）

（6）工装空间马克笔表现赏析（图3-72~图3-83）。

图 3-72　办公空间马克笔表现赏析（一）（陈锐雄　作）▶

绘制要点：
　　个性弧形空间的设计与表现，更多注重的是弧线在空间中的构成及所产生的美感，比例和大小把握是其中的难点，首先要明白圆形和弧形的透视原理，分析好原理后再进行刻画。

注意空间留白

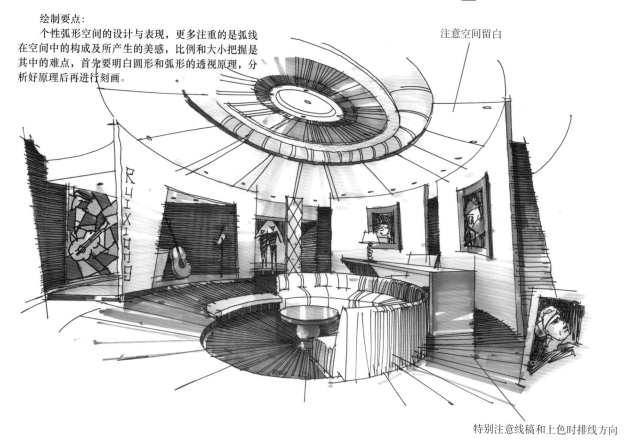

特别注意线稿和上色时排线方向

图 3-73　办公空间马克笔表现赏析（二）（陈锐雄　作）▶

图 3-74　办公空间马克笔表现赏析（三）（李磊　作）

图 3-75　办公空间马克笔表现赏析（四）（李磊　作）

刻画投影的时候，要注意物体本身对地板产生的影响

图 3-76　接待空间马克笔表现赏析（一）（陈锐雄　作）

图 3-77　接待空间马克笔表现赏析（二）（李磊　作）

图 3-78　接待空间马克笔表现赏析（三）（李磊　作）

图 3-79　接待空间马克笔表现赏析（四）（李磊　作）

图 3-80　接待空间马克笔表现赏析（五）（李磊　作）

图 3-81 展示空间马克笔表现赏析（一）（李磊 作）

图 3-82 展示空间马克笔表现赏析（二）（李磊 作）

| 此外材质处理 |

受光影和空间的影响，中心的地方会更重，所以运笔的时候应该注意"中间重，两边轻"的原理。

| 玻璃的处理 |

处理空间中的玻璃，不宜使用太鲜艳的颜色，而且应该受光影响会清楚的影子，出现"上下深，中间浅"的情况。

| 投影的处理 |

当两个投影暗面在一起的时候，应该主观根据要表达的图把两个暗面做区分，正常情况下，顶面的暗面会比较暗。

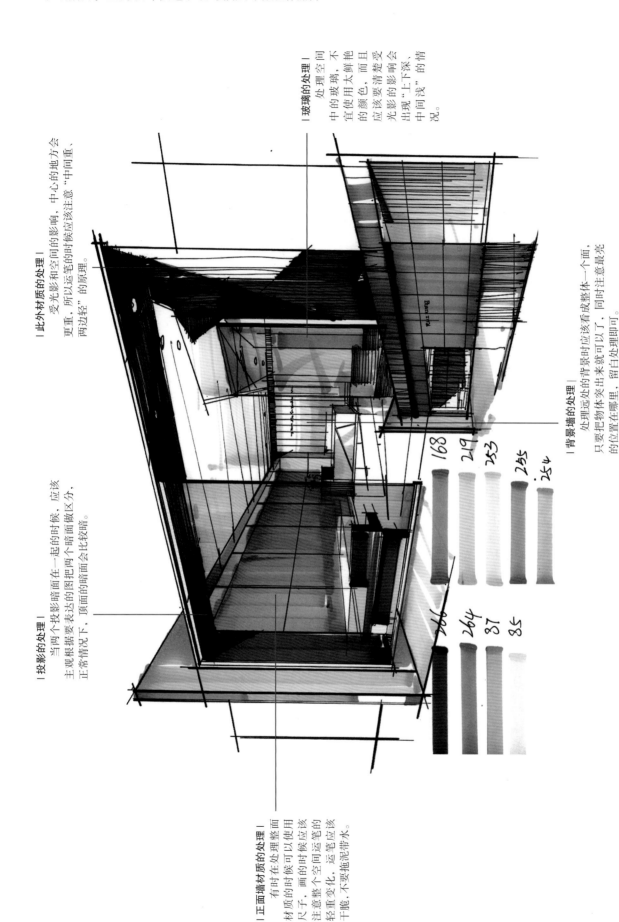

图 3-83 |门面空间马克笔表现赏析（陈锐雄 作）|

| 背景墙的处理 |

处理远处的背景时应该看成整体一个面，只要把物体突出来就可以了，同时注意最亮的位置在哪里，留白处理即可。

| 正面墙材质的处理 |

有时在处理墙整个面材质的时候可以使用尺寸，画面的时候运笔应该注意整个空间变化，运笔应该轻重变化，不要拖泥带水。

Greater Progress of Interior Design Hand Painting

第4章　室内手绘进阶篇
——室内设计思维表达

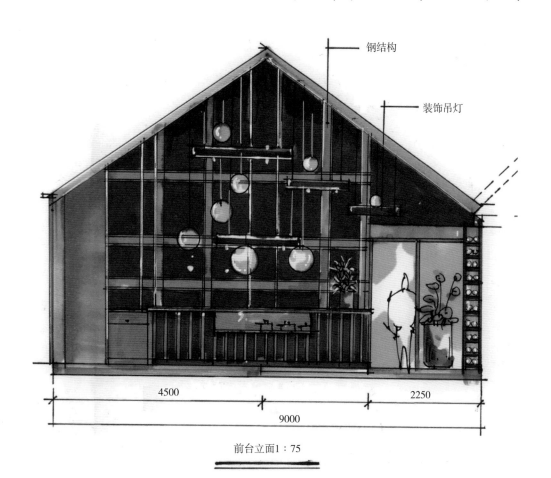

钢结构

装饰吊灯

4500　　　　　　　　　2250

9000

前台立面1：75

对待手绘，我们必须要有一个清醒而客观的认识。不能仅仅将手绘视为效果图的一种表现技法，手绘更是设计的表现手段与表达语言，就如同作曲家用乐谱来表达自己的音乐创作一般。手绘不仅仅是手段，而且是一种必备的沟通表达技能。同时手绘贯穿设计与施工的整个始末，从设计的初步概念到方案的表达，甚至在施工现场，手绘都起着至关重要的交流作用。很多设计师误认为只要会做计算机效果图就可以称为设计师，而忽视了最基本也是最简单的手绘表达能力，其后果严重地扼杀了设计师的创意思维。

现代人对计算机效果图逐渐产生审美疲劳，设计师自身的反思与觉悟和业主与大众品位的提升，使手绘得到认可和复兴，而且还会以此发展下去。手绘是做高端市场的必备本领。本章我们来学习室内设计思维的手绘表达。

4.1 手绘在室内设计思维表达中的应用

1. 建筑现状分析

本案例为客栈类设计案例（广东丹霞印象总店），属于旧建筑改造。对于客栈类设计，首先要分析它的地理位置、商业价值、运营模式等一系列问题，在这里以建筑的一、二层为例重点讲解如何用手绘表达设计思维。先从原始平面图出发，了解建筑各层的布局（图4-1、图4-2），再通过勘查现场对建筑的现状进行分析（图4-2）。

2. 整体平面方案设计分析

（1）一层空间设计。从功能性出发，分析业主运营需求的功能，解决整体流线及入口问题，因为本案例为旧房改造，所以结合原本建筑再设计显得尤为重要（图4-3）。分区域开始分析功能，对功能区分好后对所需面积进行切割，计算安排再规划（图4-4）。一层空间主要设置有前台接待、清吧、西餐区、中餐区、花园及工艺品销售区图（图4-5）。

（2）二层空间设计。二层空间主要设置客房，设计的亮点主要有：打通原本结构使空间扩大；增加了阳台功能；根据流线定位分布大床、双床等数量；增加公共观景台（图4-6）。

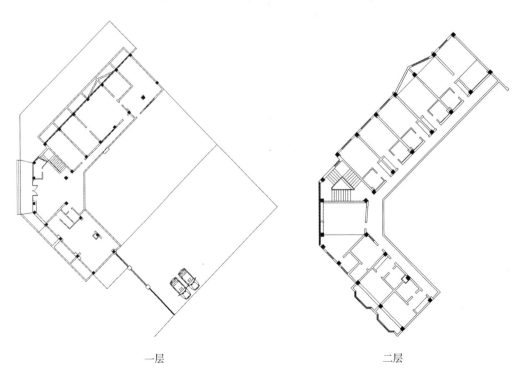

一层　　　　　　　　　　　　　　二层

图4-1　原始平面图

图 4-2　建筑的现状

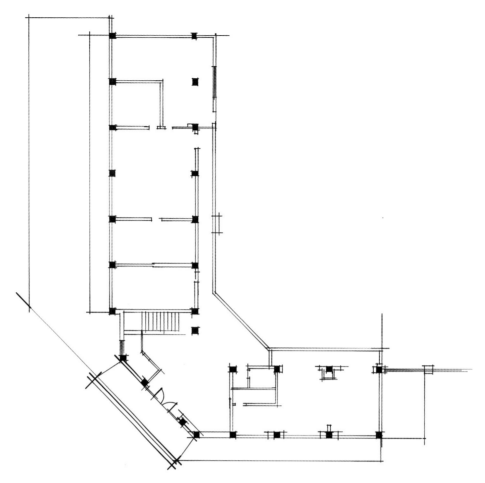

图 4-3 依据原平面图绘制改造平面图（陈锐雄 作）

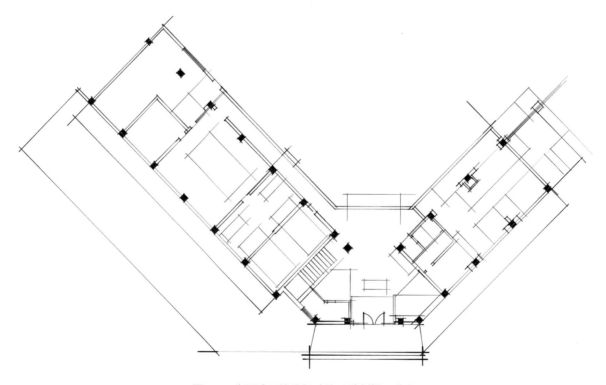

图 4-4 分区域开始分析功能（陈锐雄 作）

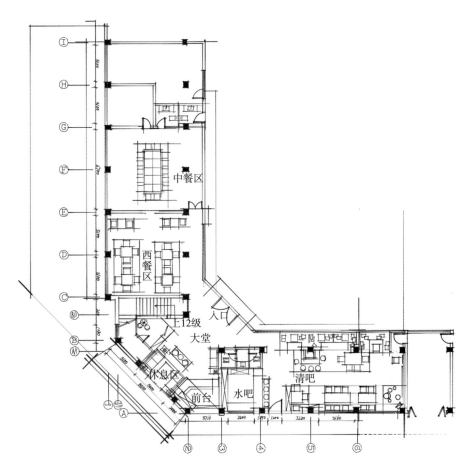

图 4-5　一层空间平面图（陈锐雄　作）

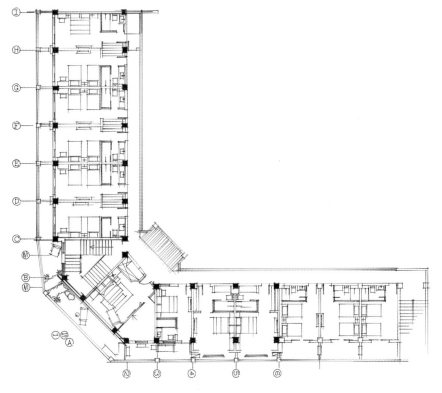

图 4-6　二层空间平面图（陈锐雄　作）

3. 不同功能分区的设计和效果图展示

　　首先从建筑外观出发，设计的难点是：建筑坐落在5A级景区大门口，主色调的设计变得尤为重要，解决改造成本问题也是本案例的难点所在，还有就是解决功能性的同时又能解决美观性（图4-7）。

图 4-7　建筑外观手绘方案图（陈锐雄　作）

　　前台接待区位置，改变原有楼梯方向，保留原本的顶棚造型，整体配色与造型尤为重要。本案例为节约成本从用材上考虑了节省，比如收银区，用废料瓷砖通过色彩搭配进行处理。所以好的设计并非单单考虑效果即可，设计是为了解决成本问题和生活需求等一系列东西而存在的（图4-8）。

图 4-8　前台接待区手绘方案图（陈锐雄　作）

　　右边整体墙面是设计的亮点。3m 高绘有古堡的墙面贯穿清吧、前台入口、西餐区与中餐区（图 4-9）。

图 4-9　清吧区域设计手绘方案图（陈锐雄　作）

　　西餐区设计也是一个亮点，成本控制依旧是设计的难点。注重整体空间的视觉感，打通了通往客房的楼梯，让客人上楼梯的同时已经注意到整个西餐区的位置，所以在原本墙面上使用墙画营造三维效果，增加空间感。配色依旧遵循整体搭配关系，通往中餐区的门结合整体做挑高处理（图 4-10）。

图 4-10　西餐厅手绘方案图（陈锐雄　作）

　　客房的设计结合整体排污系统，分成多个风格的设计，功能和大小各不相同。多样化设计，满足不同消费群体的需求（图 4-11、图 4-12）。

图 4-11　客房手绘方案图（一）（陈锐雄　作）

图 4-12　客房手绘方案图（二）（陈锐雄　作）

4.2　同一平面图的多方案表达训练

平面图设计是方案设计的灵魂，是整个空间设计成败的关键。好的设计师，做平面图设计的时候已经在思考整个空间布局、视觉效果及细节收口等一系列的问题了。平面图设计的时候，要多联系一些不同的体块切割，思考更多的可能性，做两个、三个或多个平面图设计方案，不断提升自己设计思维表达能力。

1. 民宿小空间平面方案设计与表达

随着乡村营建的兴起，民宿业蓬勃发展，个性化、特色化的民宿空间设计需求与日俱增。本案例为"在水一方"民宿设计，位于贵州远古镇，通过三个不同方案，探索民宿小空间的方案表达（图 4-13~图 4-16）。

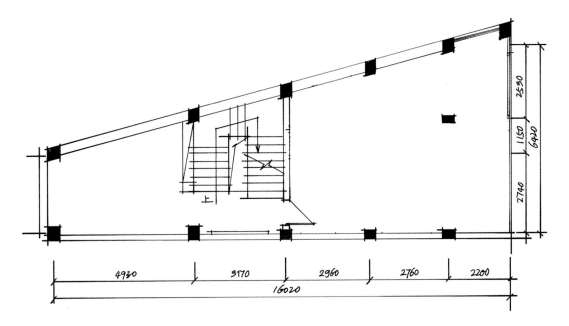

图 4-13　原始平面图

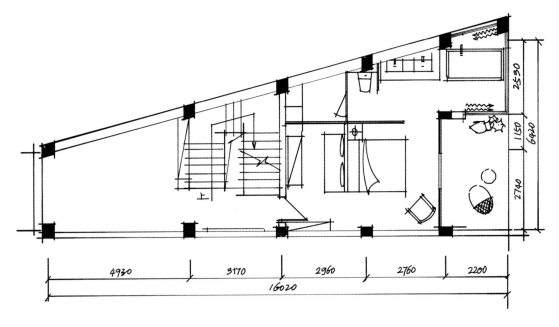

图 4-14　方案一

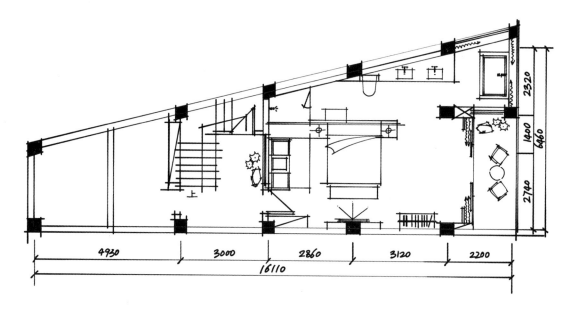

图 4-15 方案二

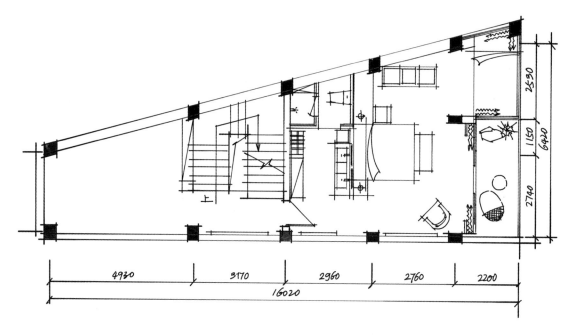

图 4-16 方案三

2.40m²LOFT 户型平面方案设计与表达

随着城市化高速发展及房价的不断攀升，很多小户型应时而生。本案例为 LOFT 小户型三种不同平面方案设计表达，通过训练小空间的表达，锻炼设计思维，循序渐进，就可以灵活应对其他类型空间的方案设计了（图 4-17～ 图 4-20）。

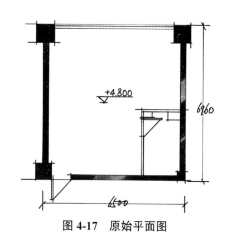

图 4-17 原始平面图

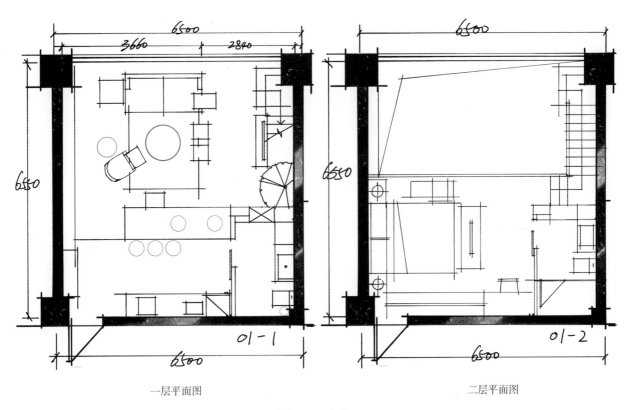

一层平面图　　　　　　　　　　　　　二层平面图

图 4-18　方案一

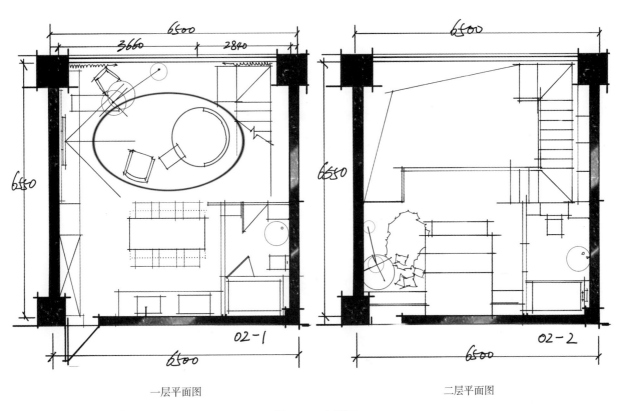

一层平面图　　　　　　　　　　　　　二层平面图

图 4-19　方案二

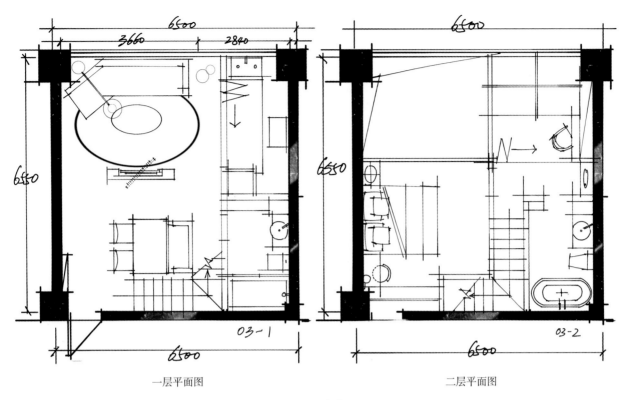

一层平面图　　　　　　　　　　　　　二层平面图

图 4-20　方案三

3. 异形复式平面方案的多种设计可能性与表达

　　异形空间的设计，会有更多的可能性。本案例给出五个不同方案让大家进行头脑风暴。面对异形空间，很多时候要抛弃传统的束缚，才能设计出更多的可能性（图 4-21~图 4-26）。

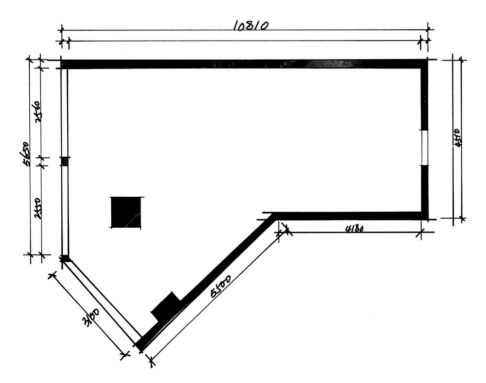

图 4-21　原始平面

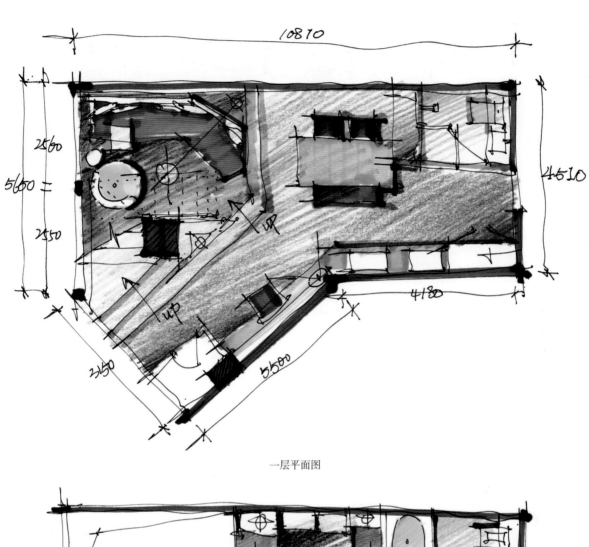

一层平面图

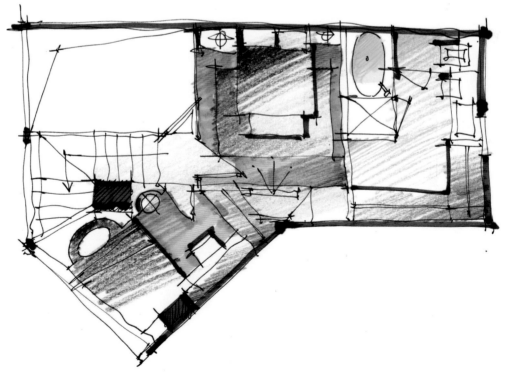

二层平面图

图 4-22　方案一

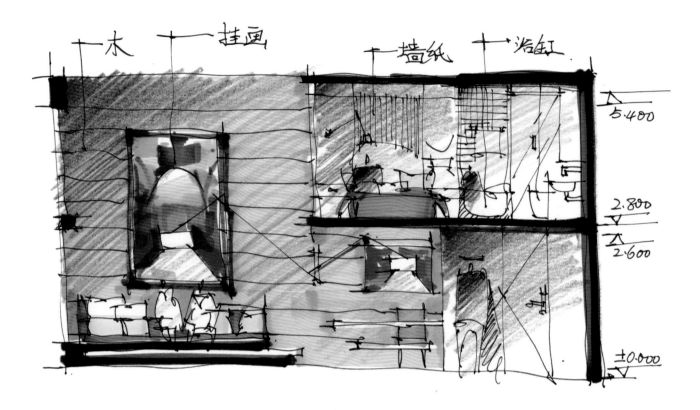

剖面图 1

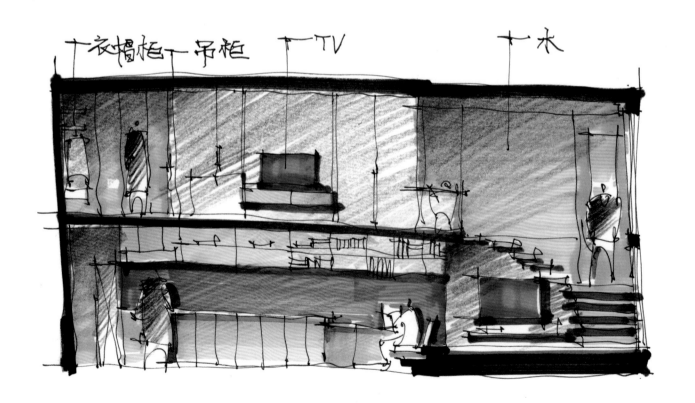

剖面图 2

图4-22　方案一（续）

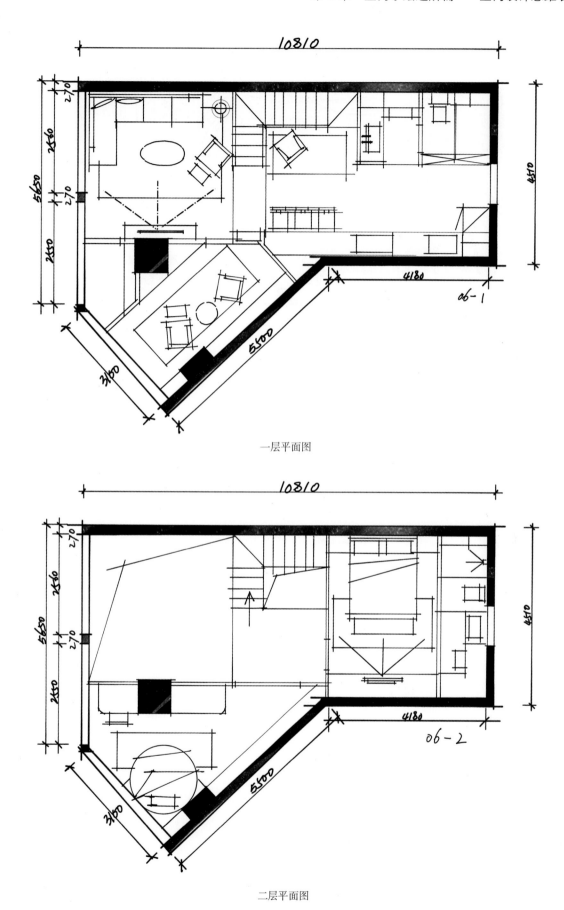

一层平面图

二层平面图

图 4-23　方案二

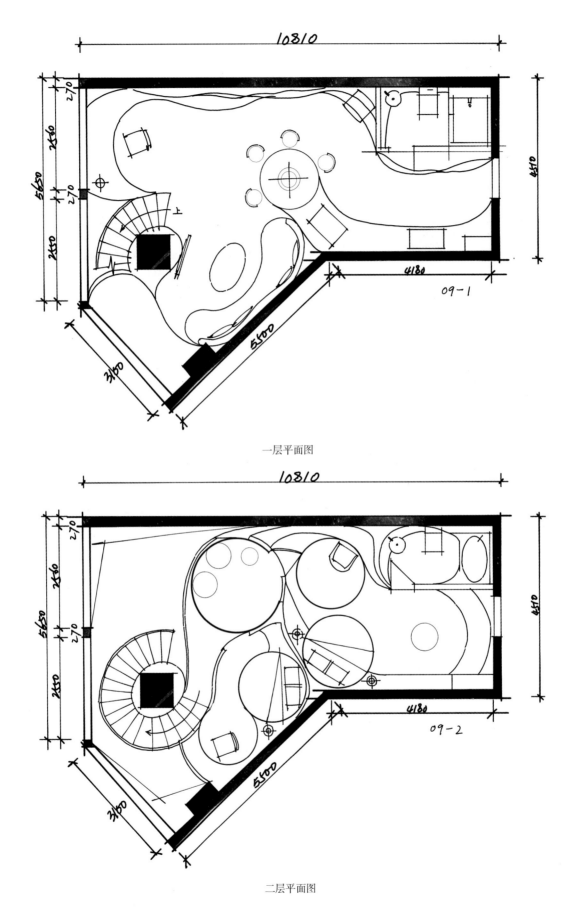

一层平面图

二层平面图

图 4-24　方案三

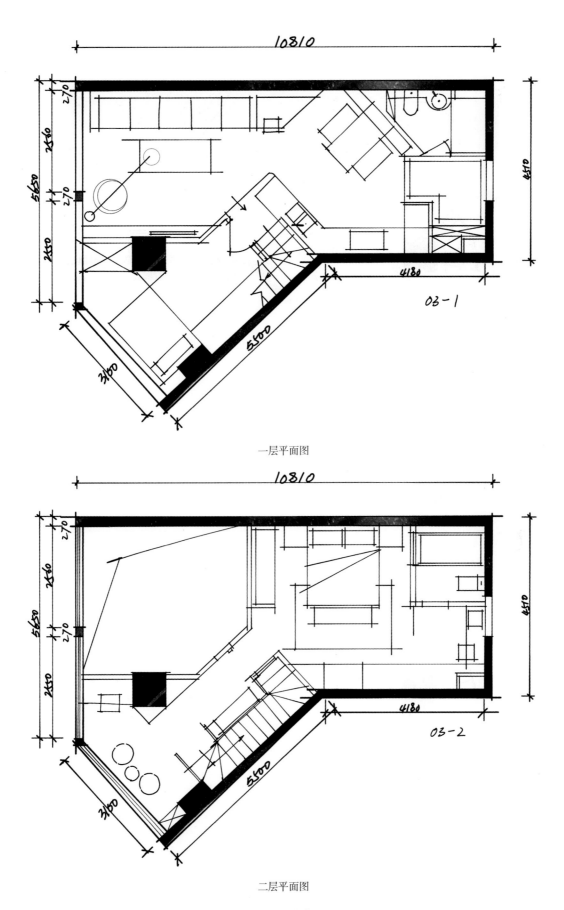

一层平面图

二层平面图

图 4-25　方案四

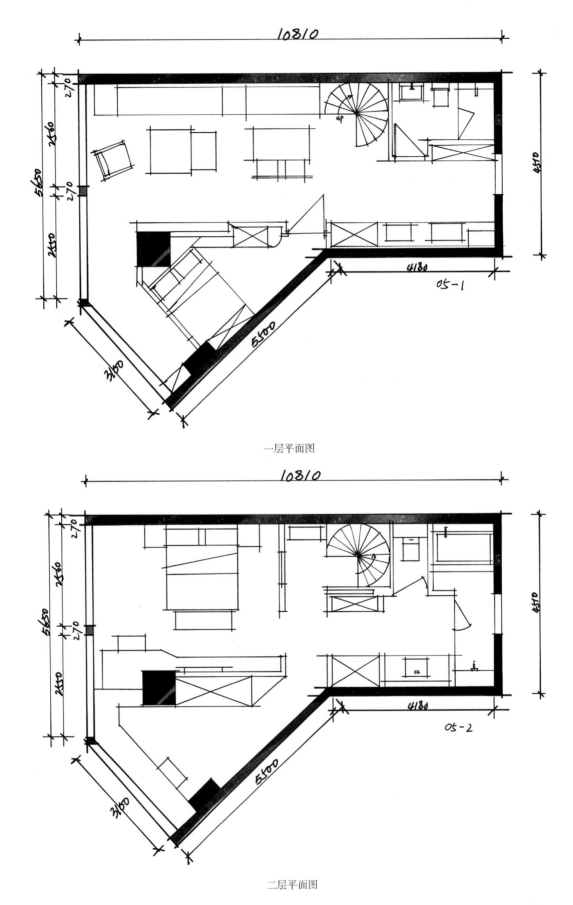

一层平面图

二层平面图

图4-26 方案五

4.3　室内设计效果图表现

　　以"在水一方"民宿的三种平面图设计方案为例，依据平面图进一步推敲不同格局下民宿空间的效果图表现方案（图 4-27~ 图 4-29）。

图 4-27　方案一马克笔表现

图 4-28　方案二马克笔表现

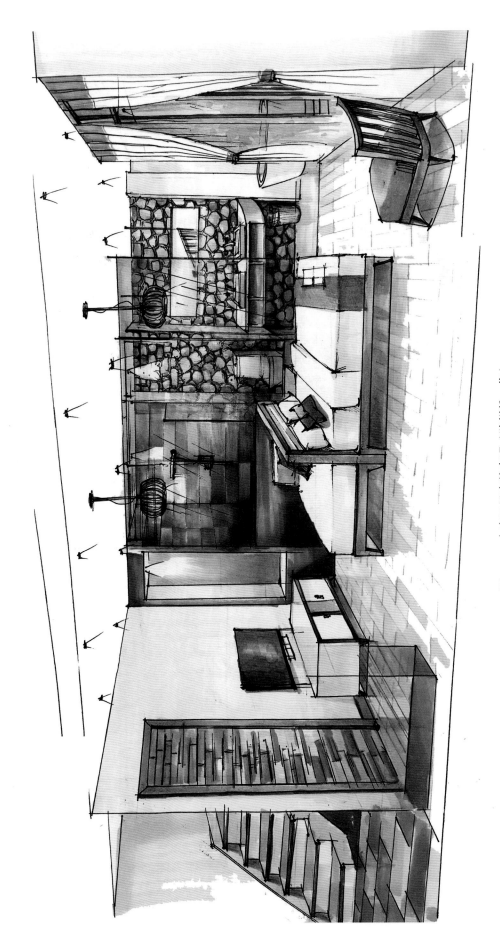

图 4-29　方案三马克笔表现（陈锐雄 作）

4.4　室内设计快题表达训练

　　本部分针对室内设计考研的学生，通过几个简单的案例讲解室内设计快题表达的步骤和技巧。考研快题表达比实际设计表达要容易得多，它更多的是形成概念方案，呈现设计思维，更注重的是整体的构图、色调及排版等问题。

1. 休闲度假空间快题表现

　　休闲度假空间是旅行、度假的目的地，因此，在考虑空间功能时，要将休闲作为主要的表达内容，加入更多的休闲空间，把室内与室外的景色以及其他功能区域贯穿起来。将风格、色调定好之后就可以开始表现了。下面重点讲解平立面图的表现步骤。

步骤 1：画出平立面图的整体外轮廓，标出尺寸线（图 4-30）。

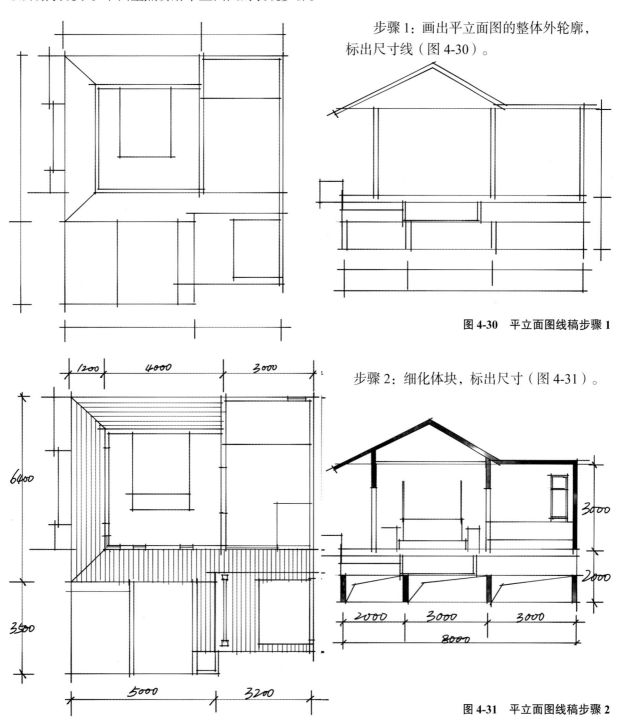

图 4-30　平立面图线稿步骤 1

步骤 2：细化体块，标出尺寸（图 4-31）。

图 4-31　平立面图线稿步骤 2

步骤 3：刻画地板、家具等空间主体构成要素（图 4-32）。

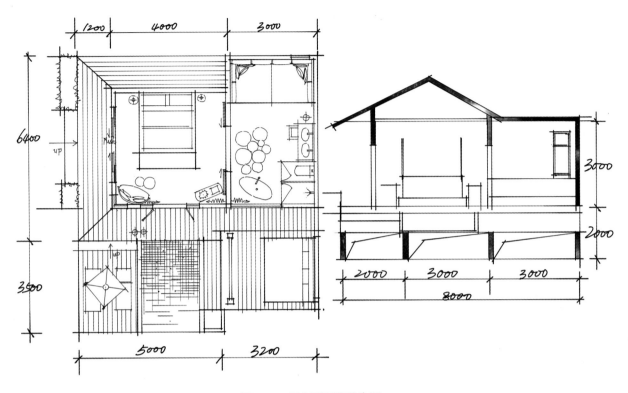

图 4-32 平立面图线稿步骤 3

步骤 4：刻画出画面细节（图 4-33）。

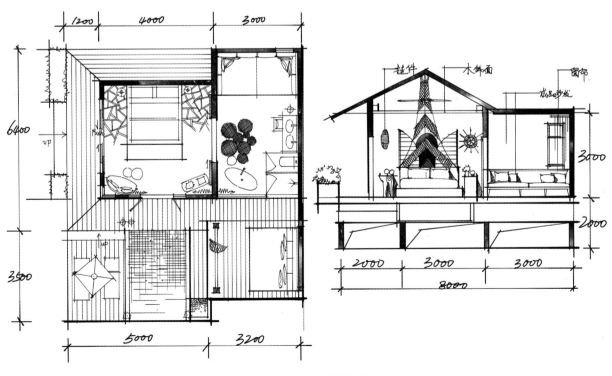

图 4-33 平立面图线稿步骤 4

步骤 5：平立面图马克笔上色。上色时使用直尺辅助（图 4-34）。

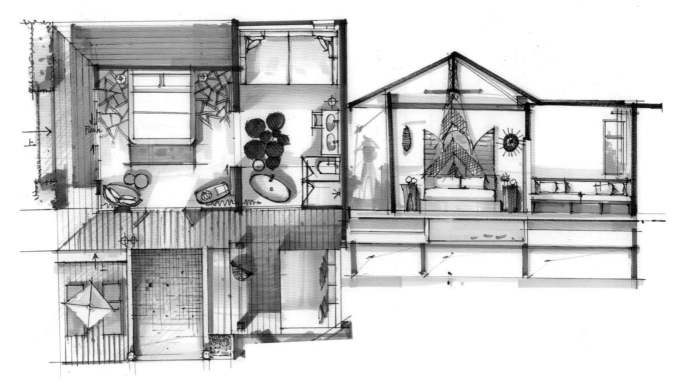

图 4-34　平立面图马克笔上色（陈锐雄　作）

步骤 6：空间效果图表现。上色时同样使用直尺辅助（图 4-35）。

图 4-35　空间效果图表现（陈锐雄　作）

2. 家具展示空间快题表现

　　家具展示空间，家具既有"家具"的功能性同时也是陈列展示的一部分。在快题表达的时候，要从中心出发，把主要的功能划分出来，注重整体流线，注意室内室外景色的结合。这里将平面图、剖面图、轴测图、效果图等整套图纸完整呈现（图 4-36~图 4-39）。

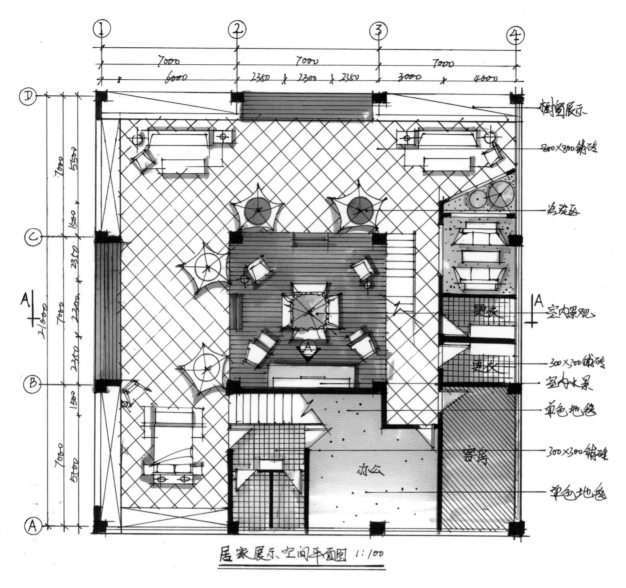

图4-36 家具展示空间平面图（陈锐雄 作）

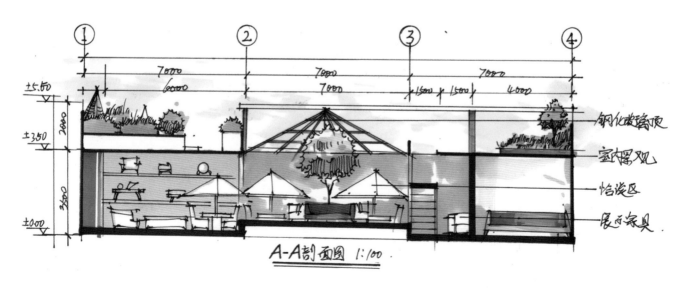

图4-37 A—A 剖面图（陈锐雄 作）

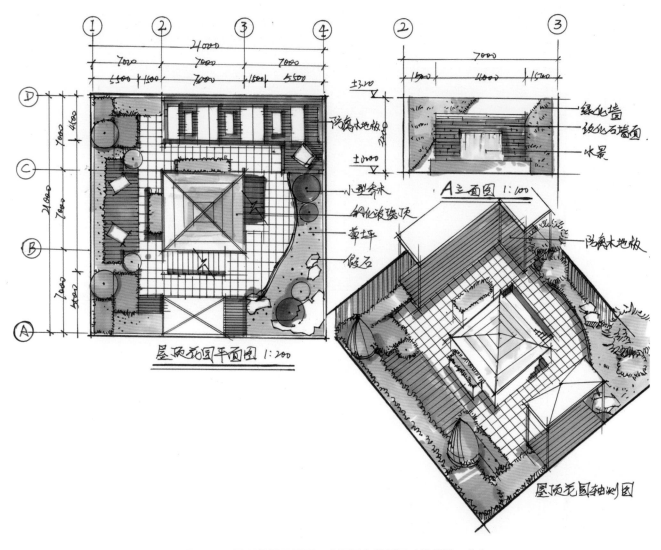

图 4-38　屋顶花园平面图、立面图和轴测图（陈锐雄　作）

图 4-39　效果图（陈锐雄　作）

3. 休闲餐饮空间快题表现

休闲餐饮空间，要注意对交通流线的安排和功能分区，用色不宜过多，应该统一整体色调。下面介绍其平立面和空间效果图绘制步骤（图 4-40～图 4-44）。

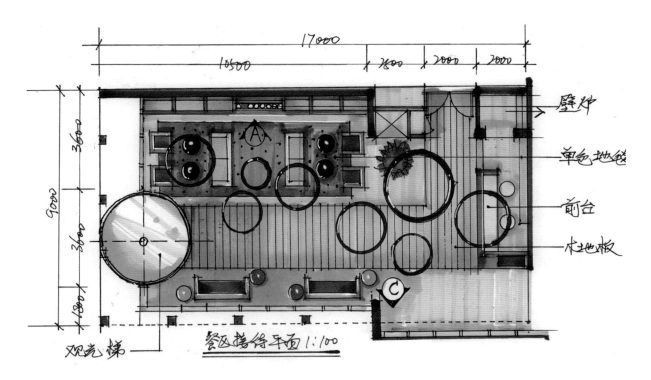

图 4-40　平面图马克笔上色表现（陈锐雄　作）

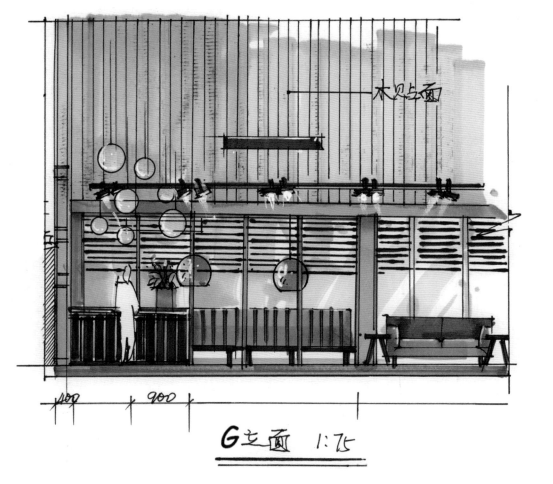

图 4-41　G 立面图马克笔上色表现（陈锐雄　作）

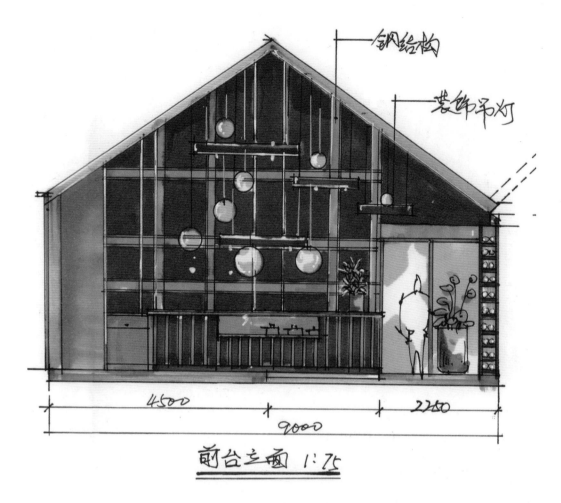

图 4-42　前台立面图马克笔上色表现（陈锐雄　作）

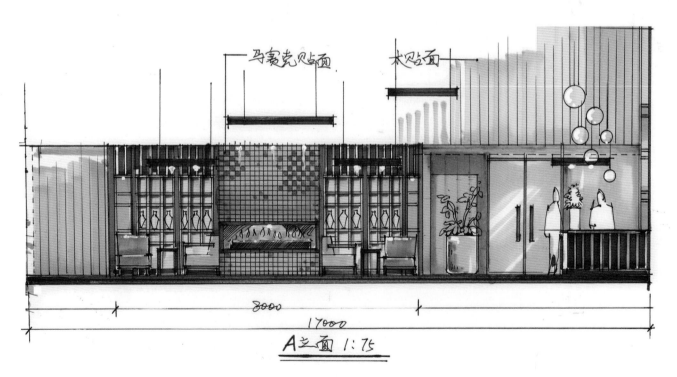

图 4-43　*A* 立面图马克笔上色表现（陈锐雄　作）

图 4-44 空间效果图马克笔上色表现（陈锐雄 作）

4. 快题设计作品欣赏（图 4-45～图 4-55）

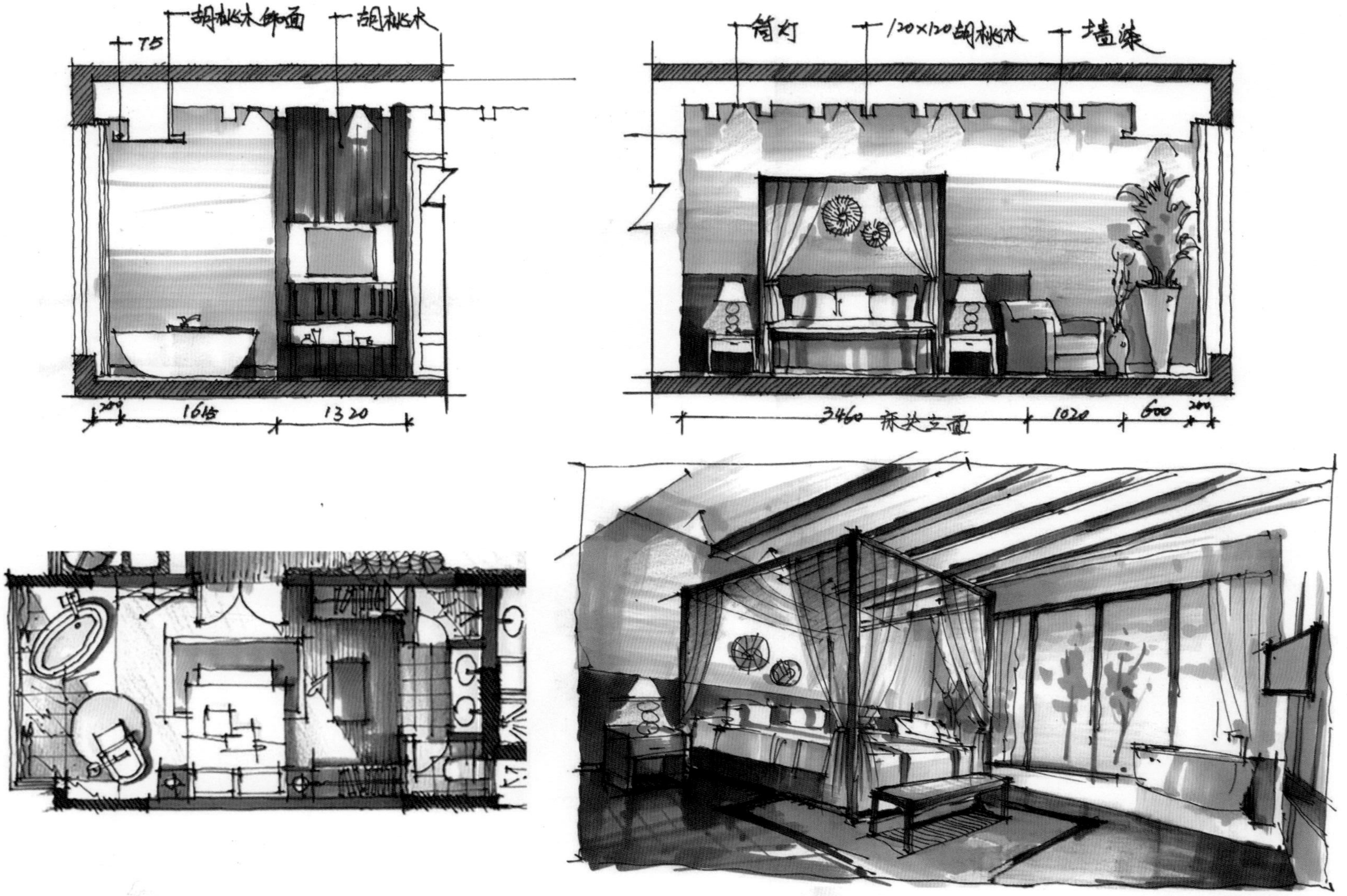

图 4-45　卧室快题设计作品欣赏（陈锐雄　作）

图 4-46　客厅快题设计作品欣赏（陈锐雄　作）

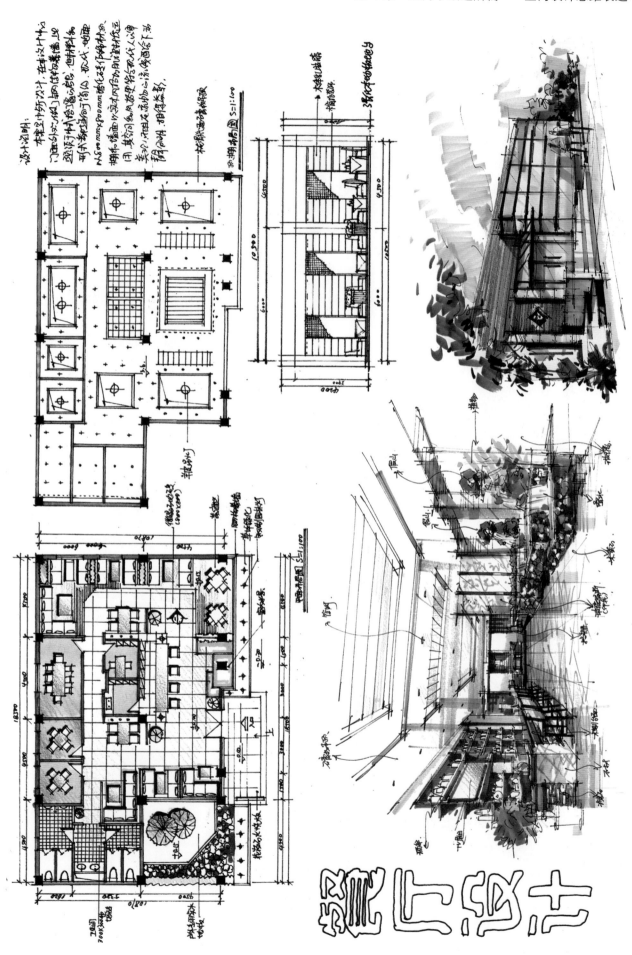

图 4-47　餐厅快题设计作品欣赏

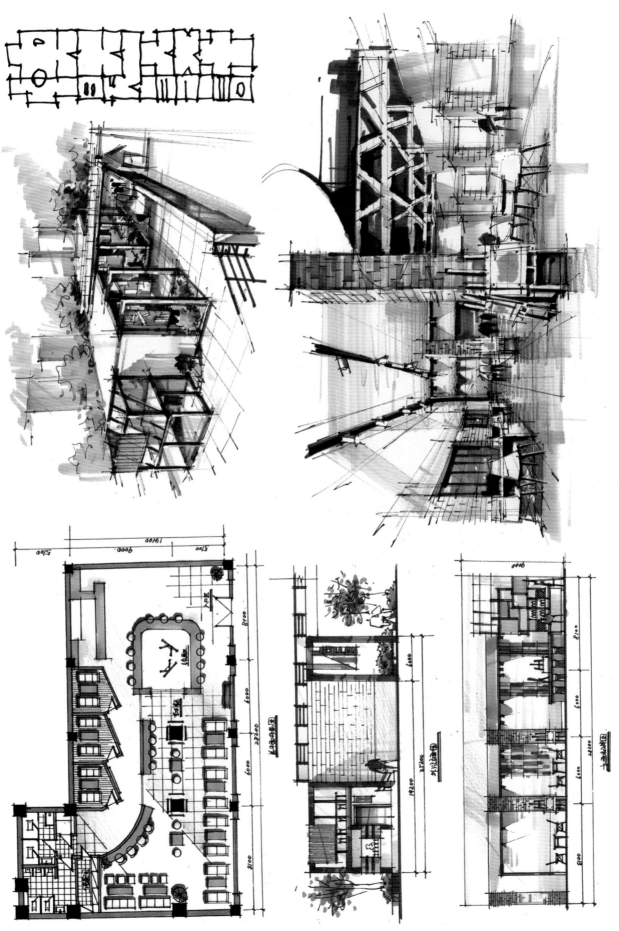

图 4-48 咖啡厅快题设计作品欣赏

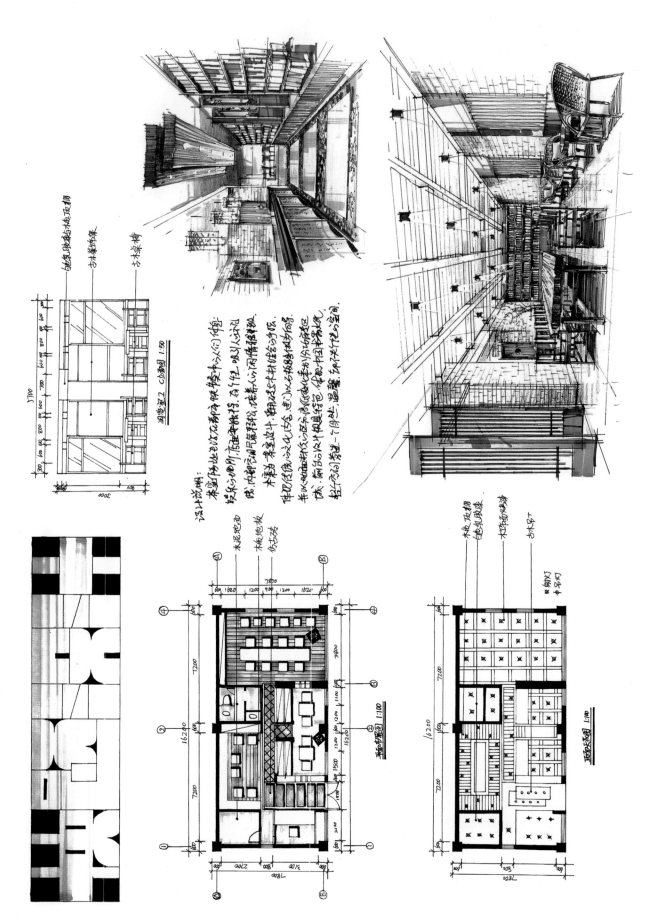

图 4-49　茶室快题设计作品欣赏

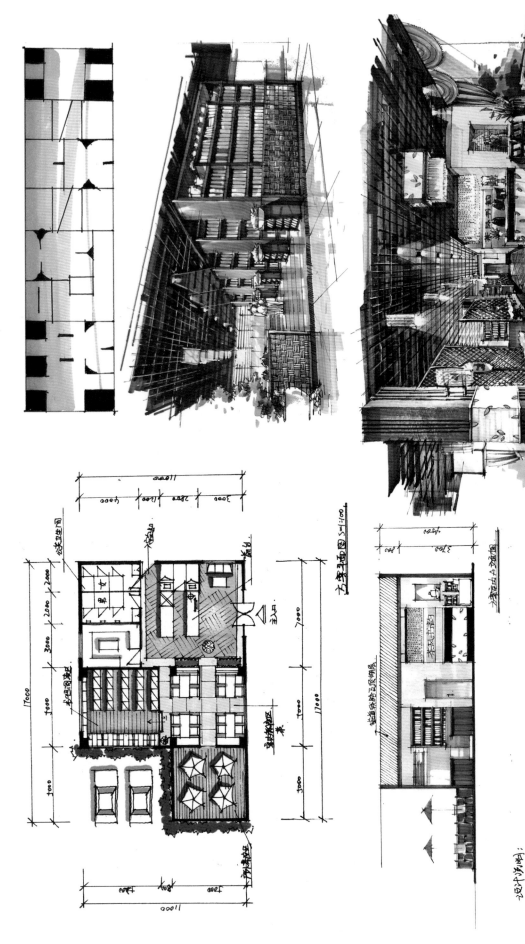

图 4-50　茶餐厅快题设计作品欣赏

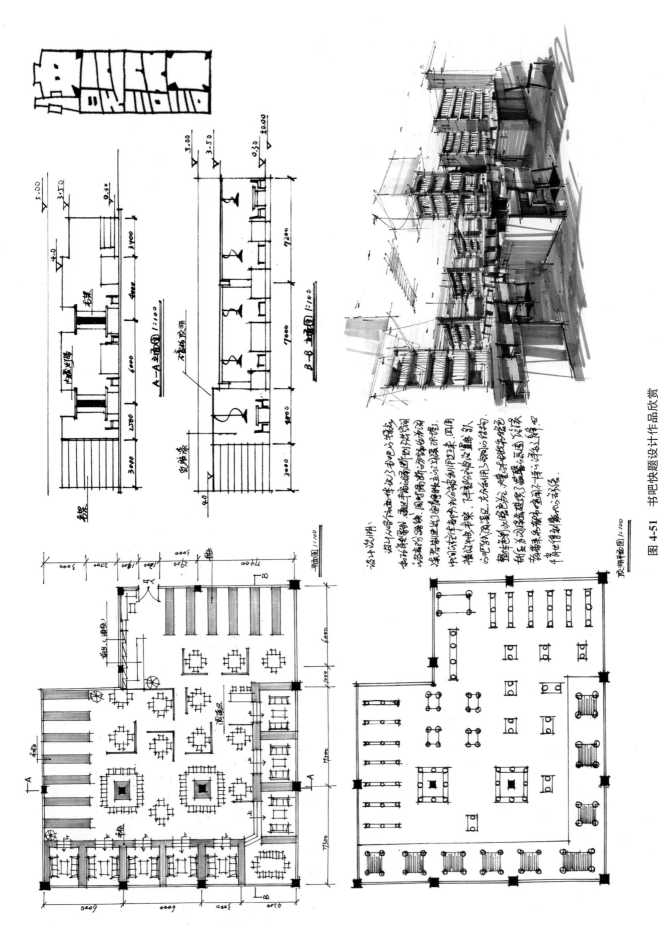

图 4-51　书吧快题设计作品欣赏

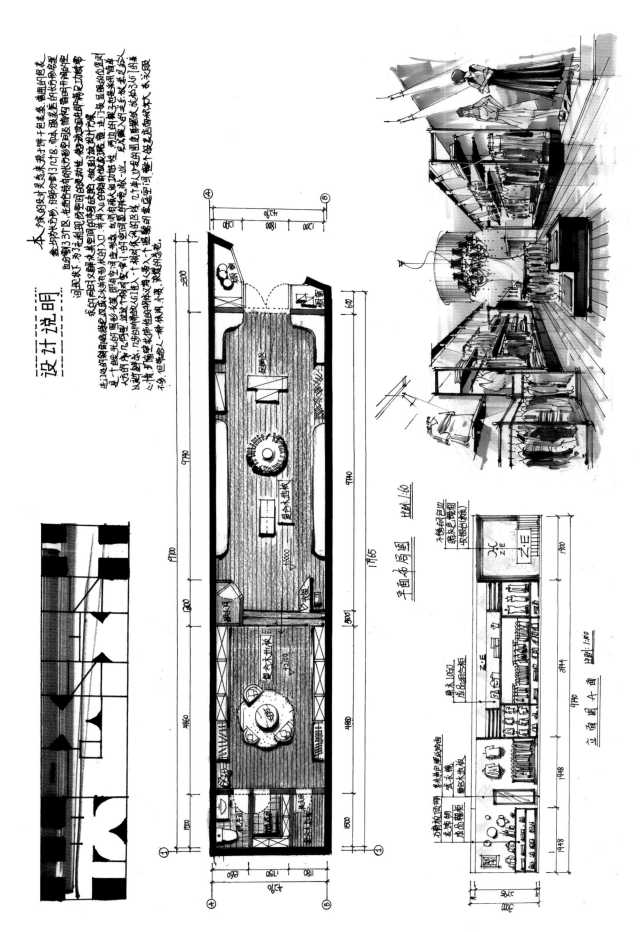

图 4-52 服装店快题设计作品欣赏

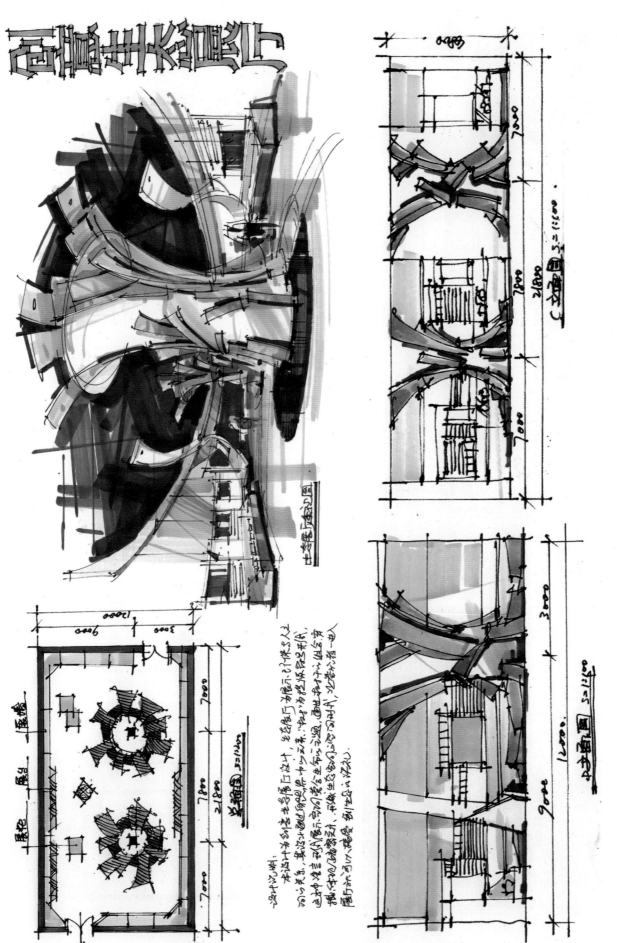

图 4-53　生态展厅快题设计作品欣赏

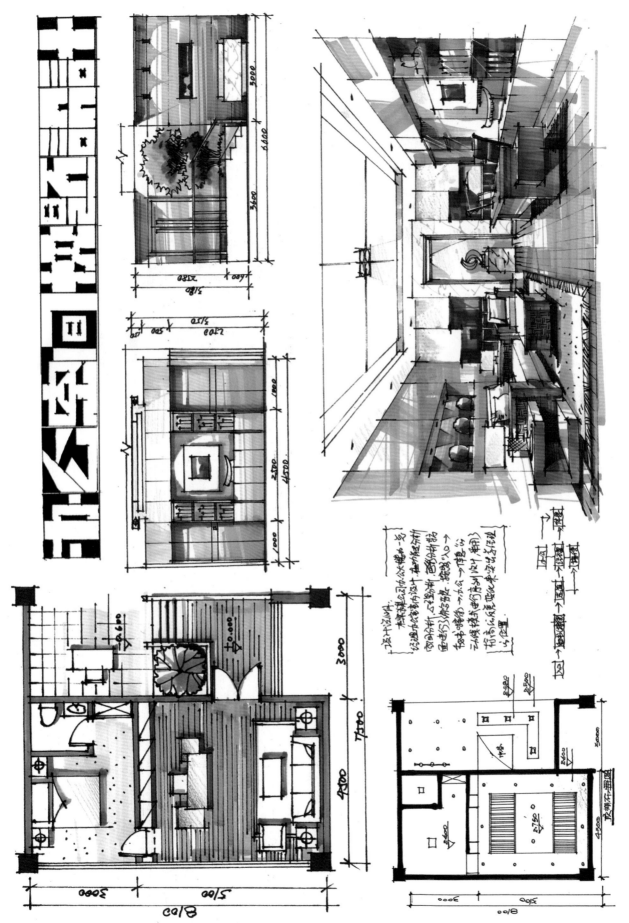

图 4-54 办公空间快题设计作品欣赏（一）

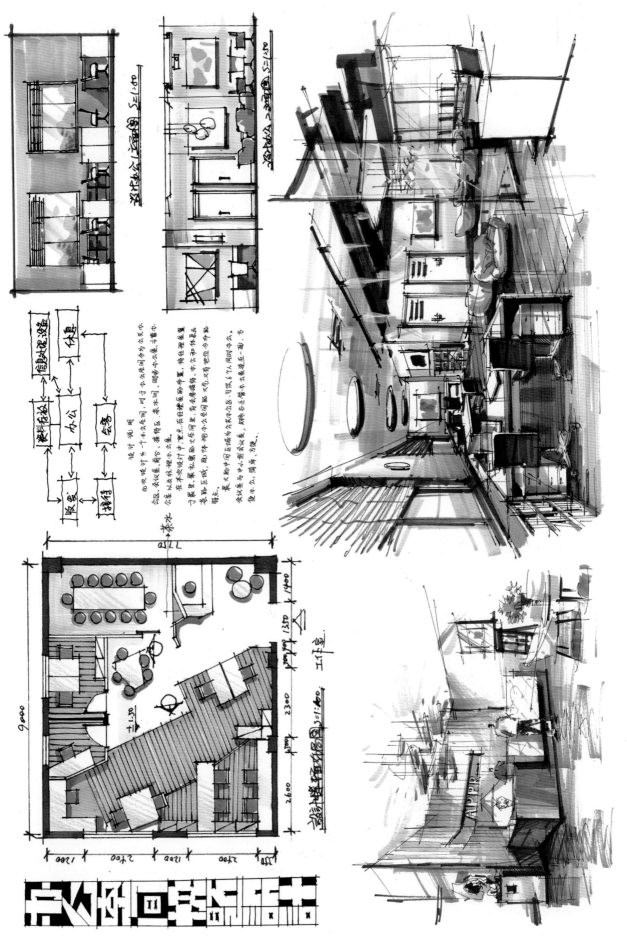

图 4-55　办公空间快题设计作品欣赏（二）

Appreciation of Interior Design Hand Paintings

第5章 室内手绘作品欣赏篇

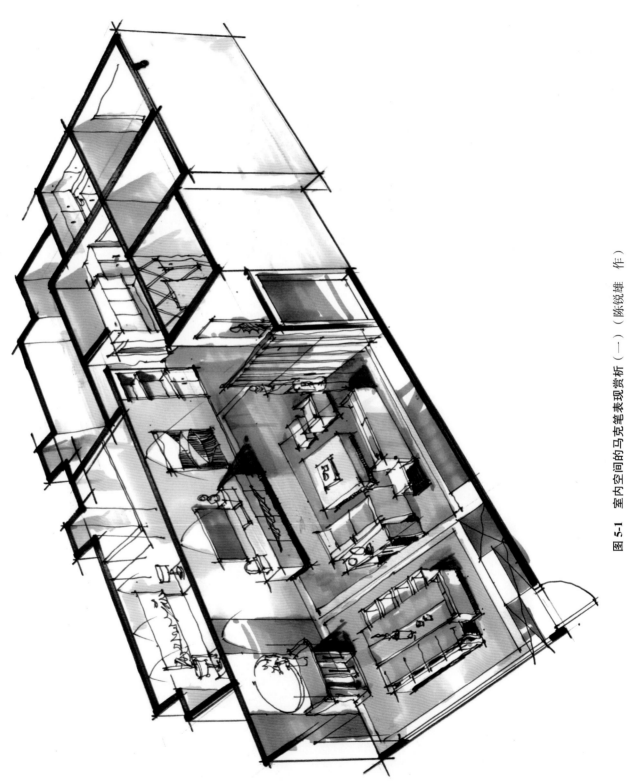

图 5-1 室内空间的马克笔表现赏析（一）（陈锐雄 作）

图 5-2　室内空间的马克笔表现赏析（二）（陈锐雄　作）

图 5-3　室内空间的马克笔表现赏析（三）（陈锐雄　作）

图 5-4　室内空间的马克笔表现赏析（四）（陈锐雄　作）

图 5-5　室内空间的马克笔表现赏析（五）（张伟喜　作）

图 5-6　室内空间的马克笔表现赏析（六）（张伟喜　作）

图 5-7　室内空间的马克笔表现赏析（七）（李磊　作）

图 5-8　室内空间的马克笔表现赏析（八）（陈锐雄　作）

图 5-9　室内空间的马克笔表现赏析（九）（陈锐雄　作）

图5-10 室内空间的马克笔表现赏析（十）（李磊 作）

图 5-11　室内空间的马克笔表现赏析（十一）（陈锐雄　作）

图 5-12　室内空间的马克笔表现赏析（十二）（陈锐雄　作）

图 5-13　室内空间的马克笔表现赏析（十三）（陈锐雄　作）

图 5-14　室内空间的马克笔表现赏析（十四）（陈锐雄　作）

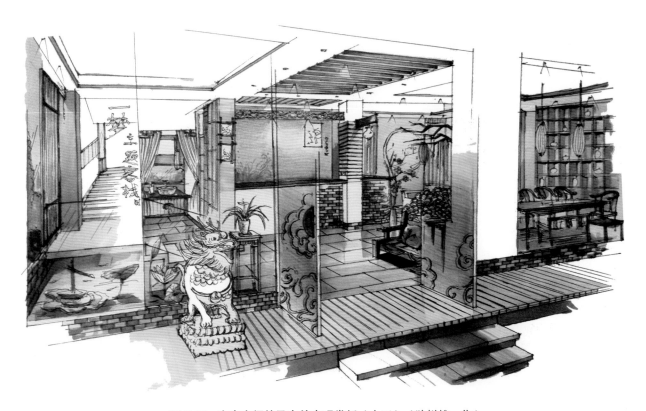

图 5-15　室内空间的马克笔表现赏析（十五）（陈锐雄　作）

图 5-16　室内空间的马克笔表现赏析（十六）（李磊　作）

图 5-17　室内空间的马克笔表现赏析（十七）（陈锐雄　作）

图 5-18　室内空间的马克笔表现赏析（十八）（陈锐雄　作）

图 5-19　室内空间的马克笔表现赏析（十九）（李磊　作）

图 5-20　室内空间的马克笔表现赏析（二十）（李磊　作）

图 5-21　室内空间的马克笔表现赏析（二十一）（李磊　作）

图 5-22　室内空间的马克笔表现赏析（二十二）（李磊　作）

附录　本书马克笔（法卡勒）色号

黄色系列：5支								
2	6	7	8	12				

绿色系列：5支								
23	26	37	59	60				

蓝紫色系列：18支								
68	90	92	95	101	103	111	112	113
119	121	144	192	194	197	239	240	241

木色系列：14支								
130	131	162	163	164	167	168	169	
170	171	172	173	175	180			

高级灰系列：56支								
38（2支）	39（2支）	40（2支）	41	42				
63	64	83	84	85	86			
124	182	183	184	246（2支）	247（2支）	248	249	250
251	252	253	254	255	256	257	258	
259	260	261	262	263	264	265	266	
267	268	269	270	271	272	273	275	276
277	278	279	280	281	282			